AI应用革命

AI APPLICATION REVOLUTION

何丹 靳毅 朝亮◎编著

浙江大学出版社

·杭州·

图书在版编目（CIP）数据

AI应用革命 / 何丹，靳毅，朝亮编著. -- 杭州：浙江大学出版社，2025.9. -- ISBN 978-7-308-26422-8

Ⅰ．TP18

中国国家版本馆CIP数据核字第2025JT5397号

AI应用革命

何　丹　靳　毅　朝　亮　编著

策划出品	何　丹
责任编辑	卢　川
特约编辑	项　侃
责任校对	朱卓娜
封面设计	八牛设计
出版发行	浙江大学出版社
	（杭州市天目山路148号　邮政编码310007）
	（网址：http://www.zjupress.com）
排　　版	杭州林智广告有限公司
印　　刷	杭州钱江彩色印务有限公司
开　　本	710mm×1000mm　1/16
印　　张	17
字　　数	206千
版 印 次	2025年9月第1版　2025年9月第1次印刷
书　　号	ISBN 978-7-308-26422-8
定　　价	78.00元

版权所有　侵权必究　　印装差错　负责调换

浙江大学出版社市场运营中心联系方式：0571-88925591；http://zjdxcbs.tmall.com

前言
FOREWORD

2025 年的春天,一场无声的智能革命在中国的互联网上掀起了海啸。当人们还在除夕的烟火中互道祝福时,一个名为 DeepSeek 的 AI 大语言模型正以惊人的速度席卷朋友圈。有人用它分析股票财报,有人让它诊断宠物病情,甚至有创作者直接用它生成游戏代码——这场在春节期间爆发的"中国版 ChatGPT 时刻",重新定义了人们对人工智能的想象。

笔者在测试期便接触到了 DeepSeek 的早期产品。记得在使用 R1 模型时,笔者提出的问题几乎带有挑衅性:"如果赤壁之战时曹操获得气象卫星支持,战争走向会如何演变?"屏幕上随即跳动了 26 秒的思考过程,最终给出的推演报告精确到农历十月廿一日的江雾浓度对火攻战术的影响分析。那一刻带给我的震撼不亚于二十年前初识 Google 搜索——我们目睹的或许是信息时代向智能时代的权力交接。

这场革命的见证者中,有一位特殊的观察者。《黑神话:悟空》的制作人冯骥在腊月廿七日的深夜发博疾呼:"DeepSeek,可能是个国运级别的科技成果。"这位以打磨细节著称的游戏匠人列举了其六条突破:从堪比 OpenAI o1 的推理能力,到开源免费的普惠姿态,再到其背后"没喝过洋墨水"的本土战队,等等。他在文中写道:"如果这都不值得欢呼,还有什么值得欢呼?"

中国科技产业的观察者们都熟悉这样的场景:硅谷首创技术开源,中国企业快速模仿变现。但 DeepSeek 的横空出世彻底颠覆了这个剧本——它不仅实现了对顶尖闭源模型的性能超越,更重要的是开创了智能时代的"深圳模式":用极致工程思维破解 AI 魔方。

突破封锁的算力诗篇

各路科技媒体在深度拆解中揭露了一组惊人的数据：DeepSeek-V3 模型的训练成本仅需 550 万美元，参数规模超 GPT-3 三倍，却在 GPQA Diamond 基准测试中首次让 AI 超越具有博士学位的人类。这背后藏着算法团队成员的心血和巧思。

- 穷人的超级计算机

团队将经典的 Transformer 架构改造成"模块化乐高"，引入细粒度 MoE 专家网络（类似 256 个各有所长的名医会诊），配合独创的多头潜在注意力（MLA）缓存技术（相当于给 AI 装记忆压缩芯片），使得算力需求骤降 90%。

- 绕开 CUDA[①] 的"游击队战法"

开发团队直接调用英伟达（NVIDIA）显卡的底层 PTX 指令集（相当于绕过 Windows 直接控制 CPU），这种"在 GPU 上写汇编代码"的极限操作，让国产芯片也能流畅运行大语言模型。

这一切在知名投资家朱啸虎（其投资的项目包括滴滴出行、饿了么、ofo 共享单车和小红书）口中化为一句精辟总结："当我们还在讨论万卡集群时，人家用'小米加步枪'打出了饱和式轰炸的效果。"并声称如果 DeepSeek 开放融资的话，不论价格多少，都愿投资。

开源生态的东方智慧

如果说技术突破令人惊叹，其开源策略则极具中国式智慧。《DeepSeek-R1 技术白皮书》公开了完整的强化学习路径，相当于将米其林餐厅后厨化作开放式料理课堂。最资深的 AI 研究员都没想到的是：R1-Zero 架构揭秘的现实意义堪比"手搓光刻机"：用纯强化学习教会 AI 数学推理，就像通过围棋对弈

---

① 英伟达公司设计研发的一种并行计算平台和编程模型。

培养敏锐的战略直觉。

当硅谷还在争论 AGI（通用人工智能）伦理时，DeepSeek 的落地场景已覆盖田间地头。比如某农业公司用其开发的智能灌溉系统，就是采用 R1 基础模型训练后的产物。这种"农村包围城市"的渗透力，在学界引发了深度反思："我们过去总想着先建摩天大楼，结果人家用积木搭出了空中花园。"猎豹移动 CEO 傅盛在硅谷观察到：中国创业者已直接拿开源模型做各类产品优化与创新，而硅谷团队仍在反复验证 PMF（产品市场匹配度）。这种务实基因，或许正是中国 AI 产业弯道超车的胜负手。

为什么需要这本书？

此时此刻，全球科技巨头的目光正投向中国。这份注视背后，是二十年来信息化浪潮沉淀的工程师红利，是大国市场催生的场景练兵场，更是一代创业者破除"卷参数""追风口"魔咒后的清醒自信。当我们谈论 DeepSeek 时，本质上是在探讨：当技术创新回归工具本质时，中国企业如何用"接地气"的智慧书写属于自己的"智能文明论"。

本书的几位作者均是资深的行业专家，既有洞察中国商业史的研究学者，又有在创投领域深度参与数百家企业投融资服务和商业模式设计的专家，还有在大厂工作多年的 AI 技术架构专家，其同时也在服务着数十家企业的 AI 转型项目。几位作者深刻认识到：技术民主化带来的不仅是红利，更是认知重构的挑战。很多企业管理者曾苦笑："我看了太多关于 AI 的课程，却不知道该如何让团队使用 AI。"这恰是本书要解决的核心命题——建立贯通"技术可行性"与"商业有效性"的认知坐标系。在这场跨越技术代际的征程里，我们是观察者更是共建者。让 AI 不再遥不可及，回归提升资产周转率、优化用户留存曲线、激发组织创新活力的本质——这正是写作本书的初心。从后续篇章可以看到，本书是一份行动指南，我们将聚焦：

- **认知突围**：拆解 DeepSeek 从 V3 到 R1 的进化密码，洞见 AI 行业竞争的本质。
- **应用实战**：如何让 AI 从"玩具"变为"生产力"？如何用 DeepSeek 重构企业知识管理？
- **生态博弈**：分析 Manus 等中国新生玩家的生存法则，揭露 MaaS（模型即服务）背后的定价权的暗战。
- **产业图谱**：覆盖 20+ 行业场景的 AI 转型地图，包含医疗、教育、企服、金融、工业、能源等诸多行业的策略。
- **未来预演**：从智能体的火爆，到深圳华强北电子市场出现的"AI 硬件"产业链，推演未来 AI 经济的底层逻辑。

这注定是一场没有终点的远征。当你在机场候机时打开 DeepSeek 查阅行业报告，当车间老师傅用方言唤醒质检 AI，当投资人用大语言模型扫描上千份 BP（商业计划书）提炼投资信号……每个微小的智能触点，都在重构商业世界的 DNA。而我们希望本书能成为那个放置在变革洪流中的锚点——不提供标准答案，只留下思考的刻度；不承诺黄金屋、颜如玉，但保证每页纸都浸染着前线实战的血性与锋芒。

风起于青蘋之末，而英雄总在竞争中淬炼。正如 DeepSeek 团队在技术报告中的结语：

"在减少对人类先验依赖的同时，通过算法创新与开源协作，推动智能技术的普惠与深化。未来，随着更多类似研究的涌现，我们或许正站在通用人工智能的真正起点。"

此刻，属于中国产业界的"群星闪耀时"正在到来——不是仰望硅谷的追光，而是敢用自主创新照亮前路的远征。

目录
CONTENTS

第一篇　认知篇

第一章　大语言模型发展与 DeepSeek 的横空出世 / 003

　　1. 从人工智能的起源到模型革命　/ 003

　　2. 技术革新：从 Transformer 到应用优化　/ 010

　　3. 大语言模型应用前景　/ 016

第二章　DeepSeek 的技术突破与创新 / 018

　　1. DeepSeek 的基石：Transformer 再进化　/ 019

　　2. 一场 AI 领域的"华山论剑"　/ 020

　　3. DeepSeek 应用场景的演化过程　/ 022

第三章　使用提示词挖掘 DeepSeek 潜能 / 025

　　1. DeepSeek 如何帮人做决策　/ 025

　　2. DeepSeek – R1 的深度思考　/ 027

　　3. 撰写提示词的核心方法论　/ 029

　　4. 场景化错误示范与改进方案　/ 033

　　5. 口语化提示词 vs 结构化提示词　/ 034

　　6. 企业提示词优化建议　/ 038

第四章 从大众应用到商业化变革 / 039

1. 为什么 AI 2.0 是企业必选项？ / 039
2. AI 商业化临界点与未来趋势 / 043

第二篇 应用篇

第一章 什么样的企业更需要 AI / 047

1. 判断 AI 适配性的关键 / 047
2. 精准判断企业 AI 适配性 / 047
3. 不同规模企业的 AI 应用建议 / 049

第二章 DeepSeek 落地企业的七大场景 / 052

场景一：打造全天候不休息的智能服务团队 / 052

场景二：每个销售新人都能成为业绩高手 / 053

场景三：研发代码助手——大幅提升企业的研发效率 / 054

场景四：内部培训与知识管理 / 054

场景五：智能决策支持——让企业决策变得精准且高效 / 055

场景六：文档自动化生成与审核——告别重复工作 / 056

场景七：多语言跨境运营——拓展全球市场 / 057

第三章 DeepSeek 项目落地指南 / 059

第一步：选择高投资回报率（ROI）的试点场景 / 059

第二步：DeepSeek 选型 / 059

第三步：DeepSeek 的部署方式 / 062

第四步：大语言模型的技术整合　　　　　　　　　　/ 064

第五步：DeepSeek 项目成效衡量　　　　　　　　　　/ 066

第六步：DeepSeek 项目推广复制　　　　　　　　　　/ 067

第四章　AI Agent：打造智能工作流　　　　　　　　/ 068

1. 什么是 AI Agent　　　　　　　　　　　　　　　/ 068

2. AI Agent 的基本原理　　　　　　　　　　　　　/ 068

3. AI Agent 与传统自动化工具的区别　　　　　　　/ 069

4. 企业建立 AI Agent 的必要性　　　　　　　　　　/ 071

第五章　DeepSeek+RAG：打造企业超强大脑　　　　　/ 073

1. 什么是 RAG　　　　　　　　　　　　　　　　　/ 073

2. RAG 是如何运作的　　　　　　　　　　　　　　/ 074

3. RAG 对企业的意义　　　　　　　　　　　　　　/ 075

4. 知识库的两种形态　　　　　　　　　　　　　　/ 076

5. 如何打造一个靠谱的知识库？　　　　　　　　　/ 077

6. 维护知识库的秘诀　　　　　　　　　　　　　　/ 078

第六章　DeepSeek 的组合应用　　　　　　　　　　　/ 079

1. DeepSeek x 飞书　　　　　　　　　　　　　　　/ 079

2. DeepSeek x 即梦 AI　　　　　　　　　　　　　　/ 080

3. DeepSeek x 思维导图 Xmind　　　　　　　　　　/ 081

4. DeepSeek x PowerPoint　　　　　　　　　　　　/ 081

第七章　AI 是组织升级的加速器　　/ 082

1. AI 落地的关键，从来不是技术　　/ 082
2. 你是否需要一名专职的"AI 官"？　　/ 083
3. AI 转型的核心：流程重塑与员工赋能　　/ 083
4. 防止 AI 项目推进中的"中层失效"　　/ 084
5. 组织结构调整：如何为 AI 让路？　　/ 084

第八章　以 DeepSeek 为基座构建壁垒　　/ 086

1. AI 应用如何避免"昙花一现"？　　/ 086
2. 持续优化企业 AI 能力　　/ 086
3. AI 商业变现中的三大误区　　/ 087
4. AI 商业变现效果衡量指标体系　　/ 087
5. AI 赋能企业竞争力的长期价值　　/ 088

第三篇　模式篇

第一章　资本透镜中的创新图谱　　/ 091

1. 观察资本与技术共振下的产业演进　　/ 091
2. 中国 AI 市场的追赶与突破　　/ 094
3. AI 项目的资本视角与甄选逻辑　　/ 096
4. AI 公司的商业模式与问题　　/ 098

第二章　梳理全球主要的 AI 商业模式　　/ 102

1. "分类"在商业模式设计中的核心地位　　/ 102

2. 差异化分类的五大维度　　/ 103

　　3. 商业模式的主要类型　　/ 105

　　4. 从互联网到 AI：商业模式的进化　　/ 107

第三章　AI 时代的商业模式新机遇　　/ 110

　　1. AI 商业模式的核心驱动要素　　/ 110

　　2. 中小企业的切入策略　　/ 111

　　3. 全球主流 AI 商业模式的五大类型　　/ 112

　　4. 分析技术创新如何催生新的市场生态　　/ 119

第四章　国内外 AI 创新项目的案例　　/ 126

　　案例一：Jasper——AI 写作的工业级流水线　　/ 129

　　案例二：Monica—— 一站式 AI 助手　　/ 136

　　案例三：Runway——重塑视觉内容生产的 AI 革命者　　/ 139

第五章　中小企业利用 AI 平台创新商业模式　　/ 146

　　1. 利用开源模型与 API 构建核心能力　　/ 146

　　2. 工作流搭建与平台集成：构建轻资产创新模式　　/ 147

　　3. 从移动互联网到 AI 时代的生态共建　　/ 149

第四篇　行业篇

第一章　AI 领域的创业项目与行业分布　　/ 153

　　1. 全球 AI 主流创业项目的分类布局　　/ 153

  2. 投资理念的形态分野 / 159

  3. 创新周期的战略耐心 / 159

  4. 范式迁移的时代启示 / 160

第二章 行业案例库 / 161

  1. 医疗健康领域 / 161

  2. 企业服务与垂直行业 / 169

  3. 工业与清洁能源 / 177

  4. 内容生成与创作 / 185

  5. 基础设施与编程 / 197

  6. 金融与法律 / 203

  7. 案例分类与行业分布 / 213

第三章 基于应用场景的 AI 创业项目 / 216

  1. 智能助手类 / 216

  2. 多模态搜索 / 216

  3. 视频生成 / 217

  4. 3D 生成 / 217

  5. 代码生成 / 218

  6. 社交 Agent / 218

  7. AI 硬件 / 219

第四章　如何抓住 AI 时代的红利和机遇　　　／ 221

1. AI 时代下创业的三大机会　　　／ 221

2. 回归本质：从"多快好省"看产品设计　　　／ 224

3. AI 行业下的 2B 与 2C 模式　　　／ 229

4. 数字化盈利模式　　　／ 234

5. 从历史规律看当前商业机遇　　　／ 241

6. AI 大模型时代下创业者的"对"与"错"　　　／ 246

7. 颠覆式入局：打造创新的 AI 商业基因　　　／ 249

8. AI 大模型与社会分工：颠覆式创新的结构变革　　　／ 253

9. 协同与创新：构建高效合作的新模式　　　／ 255

10. 专业化分工新范式：智慧协同的多维进化　　　／ 256

11. 未来图景：算法重构下的新商业文明　　　／ 257

后记　　　／ 259

第一篇
认知篇

PART 1

本篇内容旨在带领读者从整体上了解人工智能及 DeepSeek 技术的发展历程、核心概念和实践应用,帮助企业管理者、创业者及数字化转型负责人构建应对未来挑战的知识体系。

第一章　大语言模型发展与DeepSeek的横空出世

2022 年发布的 ChatGPT-3.5，开启了人工智能的新纪元。ChatGPT 的问世，不但在世界范围掀起了一股新的技术浪潮，而且也标志着大语言模型（LLM）的兴起。其间，国内外各大技术巨头都在加快对大模型的开发。"百家争鸣"的同时，也存在着一些问题，比如大模型的训练成本太高、同等参数模型差异性不大等。

然而，事情的发展超出了许多人的预期。2025 年，杭州深度求索人工智能基础技术研究有限公司推出的 DeepSeek 大语言模型迅速崛起，成为全球科技领域的一次重大变革。DeepSeek 推出的 R1 模型，其训练成本仅为 557.6 万美元（不足 GPT-4o 的十分之一），却已达到与国际顶级闭源模型相当的水平。更为引人注目的是，其采用开源策略打破了算力垄断，仅上线一个月便在全球 140 个国家的 App Store 榜单中夺冠，日活跃用户突破 3000 万，创下史上最快增长纪录。

OpenAI 首席执行官萨姆·奥特曼（Sam Altman）在 X 平台上表示，DeepSeek 的模型"令人印象深刻，尤其是考虑到它们能够以这个价格提供"，这表明他对 DeepSeek 的成本效益感到惊讶。

1　从人工智能的起源到模型革命

人工智能的发展可以追溯到 20 世纪中叶。1950 年，艾伦·麦席森·图灵（Alan Mathison Turing）在其论文《计算机器与智能》中提出"模仿游戏"——

也就是后来被称为图灵测试的概念，认为若机器在文字交流中使人无法辨识其身份，就可视为具备智能。1956年召开的达特茅斯会议则标志着人工智能研究的正式起步，奠定了符号逻辑和形式规则在早期AI中的重要地位。

真正改变游戏规则的是2012年的深度学习革命。多伦多大学的杰弗里·辛顿（Geoffrey Hinton）及其团队通过深度卷积神经网络AlexNet在ImageNet竞赛中将图像识别错误率从26%降至15%，这一突破为后来的技术演进铺平了道路。2015年，微软的ResNet模型在ImageNet图像上的识别准确率达到96.4%，首次超越人类专家水平。至此，从图灵时代起的人工智能已有近65年的发展历程。

以ChatGPT为代表的生成式大语言模型在2022年开始迅速走红。ChatGPT基于大规模预训练语言模型，通过海量文本数据学习语言规律，能够在对话中生成连贯、富有创意且符合语境的回复。这种突破性的技术使得机器生成自然语言的能力达到了前所未有的高度，也让公众对AI及其应用有了全新的认识和理解。短短几个月内，ChatGPT在全球范围内获得了大量用户和媒体关注，其应用场景从在线客服、内容创作扩展到了教育、法律咨询等多个领域。ChatGPT的迅速普及不仅证明了生成式大语言模型的强大性能，也展示了技术落地的巨大潜力。

随着技术的不断迭代，生成式大语言模型继最初的模型之后不断升级，逐步发展出多个版本，推出了如GPT-3.5和GPT-4等，这些新版本在理解、生成和推理等方面均有显著提升。GPT-3.5在对话质量、语言多样性和语义连贯性上进行了优化，使得AI更加贴近人类交流的方式；而GPT-4则在处理复杂任务和多模态输入方面表现得尤为出色，为有高精度需求的专业领域提供了有力支持。这些版本的不断更新，既推动了生成式大语言模型技术的进步，也不断拓宽了其在实际场景中的应用边界。

此时，中国在生成式大语言模型领域也展现出强劲的发展势头。以 DeepSeek 为例，作为中国本土的一款颇具代表性的生成式大语言模型，DeepSeek 在 2025 年实现了快速崛起。DeepSeek 的技术突破体现在训练成本低廉、开源策略以及对算力资源的高效利用上，这些已经达到了国际一流水平。

生成式大语言模型的爆发不仅体现在技术参数和性能指标上，更在于其改变了信息获取和知识应用的方式。传统的信息检索往往依赖于大量的静态文档和手工搜索，而生成式大语言模型则能够根据用户输入即时生成定制化的信息服务。比如，当用户在在线咨询平台上提出问题时，系统能够根据最新数据和上下文动态生成答案，这种能力极大地提升了信息服务的效率和用户体验。

一个猜词游戏引发的技术爆发

大数据环境下的大规模语言模型，是在大数据的支撑下，从海量数据中抽取相关特征与规律，并对其进行精细调整，以适应不同的情景任务。当前，它已被广泛地应用于自然语言处理、计算机视觉、语音识别等诸多领域。大语言模型的运算量大、存储量大，其训练与应用条件要求非常高，其参数通常可达数十亿乃至数千亿个。就拿 OpenAI GPT 系列来说，GPT-1 的初始参数是 1.17 亿个，而 GPT-3 则是 1750 亿个，虽然没有公布 GPT-4 的参数，但也有可能达到了 1 万亿个。表 1-1 是几个较常用的大语言模型的信息。

表1-1 中美大语言模型及对话产品

国家	大语言模型	对话产品	链接
美国	GPT-3.5、GPT-4	OpenAI ChatGPT	https://chat.openai.com/
中国	DeepSeek-R1	DeepSeek	https://chat.DeepSeek.com
美国	PaLM 和 Gemini	Google Bard	https://bard.google.com/
中国	字节豆包大语言模型	豆包	https://www.doubao.com
中国	腾讯混元	腾讯元宝	https://yuanbao.tencent.com
中国	阿里通义大语言模型	通义千问	https://tongyi.aliyun.com
美国	gork3/Xai	gork	https://grok.com
中国	文心	百度文心一言	https://yiyan.baidu.com/
中国	星火	讯飞星火	https://xinghuo.xfyun.cn/
中国	ChatGLM	智谱清言	https://chatglm.cn/
中国	Moonshot	月之暗面 Kimi Chat	https://kimi.moonshot.cn/
中国	abab	MiniMax 星野	https://www.xingyeai.com/

大语言模型是怎么生成结果的？

从通俗原理来讲，大语言模型系统会根据上文，猜下一个可能出现的词，这很像我们使用的输入法的联想功能，比如输入"你"这个字的时候，就会自动跟出来很多字，一般靠前面的字是使用频率比较高的，如组成"你好""你们""你呢"等。想象一下，你和朋友正在玩一场"猜词游戏"：你写下前半句话"春风吹过湖面，激起……"，让对方猜接下来的词。如果对方脱口而出"层层涟漪"，你会赞叹他的联想能力；如果他猜的是"一群鸭子"，你可能会笑他"脑回路清奇"。这个看似简单的游戏，本质上就是大语言模型的核心逻辑——通过理解上下文，预测最合理的下一个词。只不过大语言模型的"猜词"能力不是天生的，而是通过规模空前的"思维训练"实现的。

图1-1非常生动地展示了大语言模型"猜"出下一个词的原理。

图 1-1　大语言模型的"猜"词原理

想象你在和朋友玩接龙游戏，你说了前半句"The cat sat on"（猫坐在），现在轮到朋友接下去。这时他的大脑会快速做这几件事：

○ 寻找线索：朋友会特别注意你说的最后一个词"on"，以及整个句子的语境（猫坐在某个地方）。

○ 列出可能性：基于日常经验，朋友可能会想到"on the floor"（在地板上）、"on the chair"（在椅子上），甚至"on the moon"（在月球上）这些常见搭配。

○ 评估概率："the"这个词出现的可能性最高（90%），因为英语中"on+the"是最常见的介词搭配（比如 on the table/on the bed）；"floor"的可能性较低（10%），虽然"on floor"语法正确，但实际使用时通常会说"on the floor"；"zoo"几乎不可能（0%），除非前文有提到动物园，否则这里突然出现会显得突兀。

○ 做出选择：朋友最终选择最合理的"the"，让句子变成"The cat sat on the……"，接下来可能继续生成"the mat"（在垫子上）等更完整的表达。

从"猜词游戏"到"技术革命"

大语言模型的学习过程与人类惊人相似。就像我们从小通过读书、做题、接受价值观教育来成长一样，大语言模型也经历了三个阶段：预训练（读书）→微调（做题）→对齐（调整价值观）。下面我们就来看一下那些技术人员用的专业名词背后到底是什么意思。

▶ 预训练：海量"读书"塑造语言直觉

假设让一个孩子从出生起就阅读全世界的书籍、论文、新闻、代码，甚至社交媒体上的对话，他就会逐渐掌握语言的规律、知识的关联，甚至不同领域的专业术语。大语言模型正是如此——它通过"吞下"相当于数千万本书的文本数据（如 GPT-3 的训练数据需要普通人 2600 年才能读完），在无数次的猜词练习中，建立起对语言和世界的深刻理解。例如，当它读到"中医讲究阴阳平衡"时，不仅能记住"阴阳"这个词，还能关联到"五行学说""辨证施治"等概念，甚至理解"平衡"在不同语境下的含义。

▶ 微调：少量"做题"实现举一反三

光会读书还不够，真正的能力在于应用。就像老师用几道典型例题教会学生解题思路，大语言模型通过少量标注数据（如问答、指令示例等）学习如何将知识转化为行动。例如，让它"写一首关于春天的诗"，只需展示几首范例，它就能模仿范例风格创作新诗；让它"分析企业财报风险"，它也能结合预训练中的金融知识生成专业报告。这种"举一反三"的能力被称为泛化能力，是大语言模型区别于传统 AI 的核心优势。

▶ 对齐：调整价值观避免"聪明反被聪明误"

一个博学但缺乏道德约束的人可能会危害社会，大语言模型亦然。训练后期，开发者会通过人类反馈（如标记有害回答、提供改进建议）调整模型行为，确保其输出符合伦理和法律规范。例如，当用户问"如何制造炸弹"时，模型不会详细回答，而是提示"该问题涉及危险内容"。这一步就像为孩子树立正确的三观，让技术始终服务于人类福祉。

人脑与机器的"思维共振"

大语言模型的运作机制与人类大脑的神经元网络高度相似。

▶ 参数：知识的"连接强度"

人脑有千亿个神经元和百万亿个连接，这些连接决定了我们的记忆与联想能力。大语言模型的参数（通常达千亿级别）正对应着这些连接——参数越多，模型对复杂关系的捕捉越精准。例如，提到"bank"，大语言模型能根据上下文判断是"金融机构"（银行）还是"河岸"。

▶ 知识存储：能力＞记忆

许多人误以为大语言模型是"超级硬盘"，实则它更像一个"融会贯通的学者"。就像经过大量刷题后的高三学生日后会忘记具体题目，但保留了解题能力，大语言模型也不会死记硬背数据，而是从数据中提炼出语言规律和推理逻辑。大语言模型的"学习"，并非逐字逐句地背诵，而更像人类记忆了内容梗概。经过学习后的原始文字被转化成"关键词"＋"参数"，其数据量可能只是之前的十分之一，但这种"千倍压缩比"证明大语言模型真正理解了知识，而非简单存储。

大语言模型≠搜索引擎：从"找答案"到"造答案"

传统搜索引擎像图书馆管理员，只能帮你找到已有的书籍；大语言模型则是作家，能基于既有知识创作新内容。例如：

▶ 搜索"梅西2022年世界杯进球数"只需检索数据库，但问"如何评价梅西的领袖气质"，大语言模型会综合球员传记、比赛评论、团队协作理论，生成独一无二的分析。

▶ 在企业场景中，大语言模型不仅能调取历史销售数据，还能结合市场

趋势、竞品动态，生成定制化营销策略——这种"无中生有"的创造力，正是使用 AI 的企业的核心竞争力。

中国大语言模型 DeepSeek 的本土化创新

在全球 AI 竞赛中，中国企业正以"技术＋场景"双轮驱动破局。以 DeepSeek 为代表的大语言模型，不仅吸收国际先进架构（如 Transformer），更聚焦于中文语境和本土需求。

○ 在语言理解上，它深入把握汉语的意境表达（如诗词隐喻、成语典故等）；

○ 在商业应用上，它适配中国企业的管理文化（如层级决策、快速迭代等）；

○ 在价值观对齐上，它融入中华文化中的"中庸之道""家国情怀"，避免西方模型的伦理偏差。

大语言模型不是冰冷的算法，而是一场由"猜词游戏"引发的思维革命。它像人类一样学习、推理、创造，却又以千倍于人类的效率连接知识与场景。对于企业而言，理解大语言模型的"类人逻辑"，才能跳出技术工具的局限，真正激活 AI 在战略决策、产品创新、用户体验中的颠覆性价值——而这正是本书的核心命题。

2 技术革新：从 Transformer 到应用优化

在当今人工智能技术的发展中，Transformer 架构无疑是革命性的突破。它不仅凭借自注意力机制（Self-Attention Mechanism）实现了高效的信息捕捉，还使得模型能够在处理长文本、跨领域迁移和实时生成等方面展现出卓越性能。为了让更多读者，尤其是非专业人士，也能直观理解这一技术，我们将从多个层面对 Transformer 及其后续的应用优化过程进行详细讲解。

Transformer 架构：自注意力机制与全局理解

Transformer 模型的核心在于自注意力机制。传统模型往往采用循环神经网络（RNN）这样的顺序处理方式，每次只能关注一小部分信息，而 Transformer 则通过同时关注整个输入序列，来捕捉各个元素之间的关系。可以将这种机制想象为：在处理一篇文章时，每个单词都化身为一位侦探；在一句话中，每个单词（侦探）通过提问（查询向量）寻找其他单词提供的线索（键向量），并借此获取有价值的信息（值向量）。例如，在"银行利率上涨影响房贷"这句话中，"银行"与"利率"之间的关联尤为紧密，正如两个侦探共享重要线索一般。

为便于理解，我们可以把 Transformer 的工作过程比作教孩子做饭的过程。想象一下，一个孩子要学会做饭，需要学习各种烹饪技巧，学会食材搭配，最终掌握如何根据不同情况灵活应对的技能。下面就以"教孩子做饭"的详细步骤为例，逐一解析 Transformer 模型的各个环节及其优化策略。

Transformer 的比喻——教孩子做饭

以下这套生成机制的内核都是基于 Transformer 架构形成的各项技术与技术关键词，让我们用更加通俗的语言来向大家做一个适度的解读。

▶ 见识阶段：预训练（Pre-training）

大语言模型阅读了人类的所有知识以及对话，这就是"机器学习"，这个过程叫"训练"。在训练阶段，我们可以将模型学习过程比作带孩子"吃遍全城"的体验。孩子初入厨房，就像 Transformer 在海量数据中进行预训练一样。

○ 广泛接触食材与菜谱：带孩子走遍各大餐馆，尝遍各种菜肴，相当于让模型阅读了互联网中各种各样的文本、图片和数据资源。孩子通过观察发现，"西红柿"这一食材常常和"炒鸡蛋"搭配，有时也会见到它和"牛腩汤"的组合。对模型而言，这就是在学习词语间的关联概率，好知道哪些词经常一同出现，从而掌握语言的基本规则。

○ 积累多样化经验：就像孩子在不同餐馆获得不同口味的体验一样，模型在预训练过程中接触到的多样化的数据，可以帮助它理解各种语言模式和结构。正因如此，Transformer 能够在处理不同语言任务时表现出较高的泛化能力。

▶ 记小本本：模型的参数

经过广泛学习之后，孩子开始在小本本上记下烹饪的关键步骤与经验，这类似于模型在训练过程中将知识编码为参数，很多模型都会标注 7B 或 36B。7B 就是 70 亿参数的含义，所以大家经常听到的 token 实际就是每个字符后面跟着一堆"可能的下一个字符的选择"和"这些选择的概率"。被记下的就是"参数"，也叫"权重"。

○ 经验总结与规则存储：孩子在做饭过程中发现，正确的操作顺序是"先放油，再下菜"；放油下菜之后如果不及时翻炒，会很容易煳锅。这个记忆过程就像 Transformer 把学习到的语言规律和关联概率存储在参数中，等待后续调用。

○ 细化操作技巧：当你教孩子做饭时，他可能会在小本本的第 58 页记录下"先放油，再下菜"的步骤。模型中每个参数相当于小本本中的一个小知识点，当需要生成新句子时，系统就迅速调用这些信息，保证输出的连贯性与准确性。

▶ 试做新菜：推理与思维链

当冰箱里只剩下有限的食材时，孩子需要依靠经验，发挥创造力组合出新菜。

○ 根据现有经验组合新菜：假如冰箱里只有土豆、青椒和猪肉，孩子会翻看小本本，结合"土豆"通常搭配"炖"或者"炒"的经验，决定做一道青椒土豆炒肉丝。这个过程与 Transformer 模型在生成文本时的推理过程十分相似：模型根据输入的上下文信息和已学到的概率分布，生成最合适的回答或续写文本。

○ 概率决策与灵活输出：正如孩子发现"做成土豆炖菜的概率有 60%，做成炒菜的概率则有 30%"，模型在生成文本时也会依据各个词语出现的概率来选择最有可能的下一词。这种机制使得输出既符合常规，又充满创造性。

▶ 专攻菜系：模型微调

尽管孩子经过广泛训练已能做出许多菜式，但在某一领域仍可能不够精通，比如做出的川菜味道不够正宗。这时，家长就会安排他专门向川菜师傅学习，进行针对性的强化训练。

○ 领域专项训练：在深度学习中，这一步称为微调。经过预训练后的模型如果需要在某个特定领域（如医疗、金融、法律）内表现得更出色，就需要在该领域的特定数据上进一步调整参数。就像孩子在川菜训练中学会了"水煮鱼要泼热油激发辣椒香"的秘诀，模型也能通过微调掌握该领域特有的语言风格和知识点。

○ 提升专业化水平：微调后的模型不再只是通用型的"烹饪大师"，而是能针对特定场景输出更为精准、专业的结果，这对于企业和应用来说尤为重要。

▶ 创新菜式：泛化能力

当孩子对各种菜式都有了基本了解后，他便开始尝试根据自己的理解创新菜谱。

○ 从基本规律到创新应用：比如，孩子发现"糖醋汁"的基本组成是糖、醋和番茄酱，从而不仅能做出传统的糖醋排骨，还能做出糖醋藕片、糖醋杏鲍菇等新菜。这体现了从基础经验中提炼出底层逻辑，再进行灵活应用的能力。类似地，经过充分训练和微调的 Transformer 模型在理解语言的基本规律后，能够在不同场景中灵活生成风格各异、内容丰富的文本。

○ 迁移学习与泛化：这种能力在深度学习中被称为泛化能力，它不仅体现了模型对特定任务的掌握，更展示了其从已知知识迁移到未知领域的潜力。正如孩子学会了"万物皆可红烧"的烹饪理念，模型也可以将学到的语言规律应用到不同的文本生成任务中。

▶ 品德教育：超级对齐

在烹饪过程中，除了技术上的训练，品德教育也是至关重要的一环。家长不仅教孩子如何做菜，更会强调食品安全和伦理规范。

○ 价值观的内化：例如，家长会告诉孩子"不能使用发霉的食材烹饪或招待客人"。同样，在人工智能领域，我们需要对模型进行"超级对齐"——确保其输出符合道德、法律和社会伦理要求。无论外界如何提问，即便是"如何用剩饭故意做出危害健康的菜肴"，模型也必须拒绝给出错误、危险的建议。

○ 安全与责任：这种约束确保了模型在实际应用中不会因为数据偏差或算法漏洞而输出不当内容，就像经过品德教育的孩子，即便面对诱惑，也会坚守原则，保证菜肴既美味又安全。

▶ 大师精华课：蒸馏技术

孩子在实践的过程中，也会向顶尖大厨学习，汲取他们的烹饪精华，形成自己的独门绝技。

○ 从大厨那里提炼精华：家长安排孩子观看王刚等知名大厨的教学视频，让他学习"宽油五步法"或"颠锅技巧"。经过反复练习，孩子不仅掌握了这些技巧，还能在实际操作中灵活运用，甚至创造出新的烹饪方法。对于 Transformer 模型来说，这个过程类似于模型蒸馏，即从一个庞大的、性能卓越的模型中提炼出精华，形成一个更加轻量且高效的模型，便于部署和实时应用。

○ 高效学习与精简模型：蒸馏后的模型既保留了大语言模型的优点，又大大降低了运算资源的需求，就像孩子在看了无数烹饪教学后，总结出一套简单易行的操作流程，即便在食材有限的条件下也能轻松做出美味佳肴。

▶ 菜品大全：检索增强生成（RAG）

孩子做菜时，厨房里的菜品也在不断更新。孩子不仅会翻阅自己记的小本本，还会打开菜谱应用软件，查找最新、最适合家庭口味的菜谱。同时，妈妈也会教给他私家菜谱。孩子会从中选出最合理的食材搭配，结合已有经验创造出美味新菜。这类似于 RAG 技术，在生成回答前先从知识库中检索最新信息，再与模型内部知识融合，确保答案既准确又及时。这种动态知识扩展方式，让 AI 能不断适应变化，满足人类的多样化需求。

应用优化：传统搜索与智能助手的终极对比

在传统的信息检索中，我们常常要依靠"菜谱书柜"来寻找所需的菜谱，需要自己翻找、对比，既耗时又容易出错。传统搜索系统往往只是简单地返

回一个个链接，让用户自己筛选和判断。而经过上述各步骤训练、微调和蒸馏的 Transformer 模型，则像一位随时待命的智能小厨师。当你告诉它"家里有鸡蛋、虾仁和剩米饭，马上要招待客人"，它能立即给出多套合理的菜谱建议，还会提醒你："注意，客人对花生过敏，建议避开含有坚果的菜式。"这种实时响应和个性化建议正是应用优化后技术的巨大优势。

○ 实时生成与定制化输出：Transformer 模型经过预训练、微调、泛化以及蒸馏之后，其生成能力已经远超传统技术。它能够根据输入内容的实时信息和背景，快速生成符合用户需求的答案。这种能力不仅仅体现在文本生成上，还可应用于各类决策支持系统、智能客服和内容推荐等领域。

○ 智能对齐与安全控制：经过超级对齐后的模型在输出时，会自动过滤不适宜的信息，确保所有建议均符合伦理和安全标准。

3 大语言模型应用前景

通过以上类比，我们不仅看到了 Transformer 模型在技术层面的突破，也认识到这种技术如何通过多层次的优化，转化为企业和社会可直接受益的应用工具。未来，随着更多针对性训练（微调）和实时知识更新（如 RAG 技术）的引入，AI 模型将在各行各业发挥越来越重要的作用。

○ 智能客服与内容生成：在电子商务、金融服务和公共服务领域，经过优化的 Transformer 模型能够实时处理用户查询业务，生成高质量、定制化的回答，从而提高服务效率和用户体验。

○ 辅助决策与知识管理：在企业管理中，智能系统不仅能够提供准确的信息检索，还能在复杂决策场景下给出数据驱动的建议。企业管理者也可以依赖这种技术来辅助制定战略决策。

○ 跨领域迁移与创新：通过不断进行模型泛化和蒸馏，未来的 AI 系统将能够灵活应对各种新场景。无论是在医学诊断还是法律咨询领域，AI 都能提供基于大数据分析和自我学习的解决方案，帮助企业在数字化转型中抢占先机。

第二章 DeepSeek的技术突破与创新

上一章我们了解了一下什么是大语言模型，以及大语言模型里的一些专业术语和技术。本章我们从 DeepSeek 的爆火来看看大语言模型的本质。

让我们先回顾一下 DeepSeek 崛起过程的时间线。

- 2024 年 12 月 26 日：DeepSeek 发布基础模型 V3。
- 2025 年 1 月 15 日：DeepSeek 官方 App 上线。
- 2025 年 1 月 20 日：DeepSeek 推理模型 R1 发布。
- 2025 年 1 月 24 日：DeepSeek App 更新，加入深度思考功能。
- 2025 年 1 月 26 日：游戏互动科技有限公司（简称游戏科学）CEO 冯骥老师在微博推荐 DeepSeek，引起国运级别的讨论。
- 2025 年 1 月 28 日：DeepSeek 活跃用户数首次超越豆包。
- 2025 年 2 月 1 日：DeepSeek 日活跃用户数量突破 3000 万大关，成为史上最快达成这一里程碑的应用。
- 2025 年 3 月 1 日：DeepSeek 获全球 AI 应用排行榜第二。

这场持续数月的 DeepSeek 风暴，本质是技术理想主义对商业现实的降维打击。从某种角度来看，DeepSeek 爆火的核心原因是做了真正的技术创新，而且是在低成本情况下完成的，让复杂技术成果成为大众市场的受欢迎产品。它的成功证明：在 AI 研发的深水区，中国团队并非只是跟随者。当科技竞争进入"挤海绵"式的极致优化阶段，那些能把百元安卓机调校出万元旗舰性能的"民间高手"，或许才是真正拥有未来钥匙的人。

而对于整个大语言模型行业来讲，这无异是一场绝对的大地震，国内大厂所有玩家被迫扔掉原有筹码重新学习规则。百度迅速将文心大语言模型转免费，阿里云紧急下调应用程序编程接口（API）价格。而这些对创业者来说是好事，开源生态引发的乐观情绪，让所有人都知道时代要变了。

所以，从技术上看，DeepSeek 在 Transformer 架构上进行了再进化。下面我们将详细介绍 DeepSeek 的核心技术创新。

1 DeepSeek 的基石：Transformer 再进化

Transformer 架构由谷歌（Goole）的研究团队于 2017 年提出，其核心思想是通过自注意力机制来处理序列数据，从而替代传统的递归神经网络（RNN）和卷积神经网络（CNN）。DeepSeek 的混合专家模型（MoE）和多头潜在注意力（MLA）机制通过灵活分配计算资源和优化信息处理流程，实现了高效的模型运作和性能提升。

MoE 架构

想象在一家大型咨询公司里有多个专家，每个专家都擅长不同的领域。MoE 架构的运作就像当客户（输入数据）来咨询时，公司会根据客户的需求动态分配最合适的专家来处理。这种方式不仅提高了效率，还让每个专家可以专注于自己最擅长的领域，从而提升整体的解决问题能力。

在 DeepSeek 中，MoE 架构通过"门控机制"动态选择最相关的专家模块来处理输入数据，不仅减少了计算资源的浪费，还提高了模型的泛化能力和鲁棒性（抗干扰能力）。每个 MoE 层包含一个共享专家和多个路由专家，共享专家负责捕获不同任务之间的共享知识，减少参数冗余，让路由专家可以更好地专注于特定任务。

MLA 机制

可以把 MLA 机制比作一个高效的信息高速公路系统。传统的多头注意力机制就像一条拥挤的道路，所有信息都需要通过这条路进行处理，而 MLA 机制则通过引入潜在向量来缓存中间计算结果，类似于在高速公路上设置高速缓存站，减少了信息传输的延迟和内存占用。这样，不仅加快了推理速度，还降低了训练和推理的成本。

在 DeepSeek 中，MLA 机制通过优化键值缓存，减少了生成任务中的浮点运算量，提高了计算效率。这种设计使得模型能够更好地聚焦于关键信息，提高了训练稳定性和推理速度。

2 一场 AI 领域的"华山论剑"

在这场人工智能竞技中，DeepSeek 与 GPT-4、Claude 3.5、Gemini 等领先大语言模型展开直接竞争。这场竞争不仅关乎技术实力，更映射出未来 AI 发展的不同路径——是成为追求全能型的"通才"，还是深耕垂直领域的"专家"？让我们通过深入解析，揭开这场 AI 大战的真相（见表 1-2）。

表 1-2 DeepSeek 与主流大语言模型能力对比

维度	DeepSeek-R1	GPT-4	Claude 3.5	Gemini	LLaMA 2
核心技术	MoE 架构 +MLA 机制	Transformer	代码编写能力	多模态融合	开源架构
参数效率	6710 亿总参数，仅激活 370 亿	约 1.8 万亿参数	未公开	未公开	700 亿参数
推理速度	多令牌预测 + 推测性解码	端到端优化	20 万 token 上下文	200 万 token 窗口	轻量级推理

续表

维度	DeepSeek-R1	GPT-4	Claude 3.5	Gemini	LLaMA 2
中文处理	语义理解领先	多语言均衡	中等水平	依赖翻译	需微调
多模态	文本为主，可集成外部工具	图文音视频	文本专注	全模态支持	纯文本
成本效率	行业价格杀手	商业API高价	中等成本	谷歌生态集成	免费开源
典型场景	金融/医疗垂直领域	创意写作/实时对话	代码/多步骤流程	科研/跨模态	开发者定制

性能擂台：基准测试中的"田忌赛马"

在权威的大规模多任务语言理解（MMLU）测试中，GPT-4的整体表现好比一位多才多艺的大厨；DeepSeek在中文语义理解和垂直领域任务中表现出色，如同专攻家乡菜的厨师，在特定领域里技高一筹；Claude 3.5则在编码任务上独步天下；Gemini依靠超长的上下文窗口，能一次性"解析"整本《战争与和平》，并提炼人物关系图谱，在法律文档分析中独树一帜；而LLaMA 2作为开源标杆，虽然综合性能稍逊，却以"乐高式"的模块化设计赢得了开发者的青睐。

应用场景：从"瑞士军刀"到"手术刀"

各模型正在分化出鲜明的市场定位，这场AI竞争中没有绝对的赢家。初创企业可能青睐DeepSeek的开源与低成本，跨国集团则需要GPT-4的多语言支持，科研机构或许依赖Gemini的跨模态分析。正如一位AI工程师的感悟："选模型就像选汽车——追求速度选超跑，看重油耗就选混动，需要越野就挑SUV。"

3　DeepSeek 应用场景的演化过程

DeepSeek 的演化揭示了一个清晰趋势：AI 技术正从"实验室特权"走向"全民工具箱"。未来的 DeepSeek，或将成为一个"有着 AI 能力的水电煤网络"——任何个体和企业都能像用电一样调用顶尖智能，而这场变革的种子，正深埋在今天的技术架构与开源策略之中。

技术成熟度的阶梯式跃迁

DeepSeek 的成长轨迹堪称 AI 领域的"火箭式发展"。从 2023 年成立到 2025 年成为全球 AI 市场巨头，其技术成熟度经历了三个关键阶段。

▶ 第一阶段：垂直领域突破（2023—2024 年初）

以代码生成（DeepSeek Coder）和数学推理（DeepSeek Math）为突破口，通过开源 7B 到 67B 参数的模型快速建立行业口碑。例如，2024 年 1 月开源的 7B 数学模型在 Math 基准测试中超过 50 分，接近 GPT-4 和 Gemini-Ultra 的水平（见图 1-2），直接挑战了闭源模型的垄断地位。

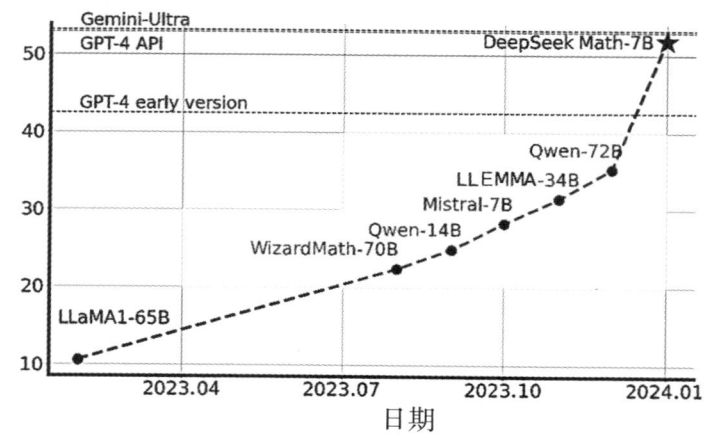

图 1-2　开源模型在竞赛级别的数学准确性
（来源：DeepSeek.com）

▶ **第二阶段：多模态融合（2024年中—2024年末）**

发布 DeepSeek-VL 系列模型，首次将视觉理解与语言生成结合。其混合视觉编码器能处理 1024px×1024px 高分辨率图像，同时保持计算成本低于同类产品 30%。这使得文档识别、医疗影像分析、工业质检等场景的快速落地有了可能。

▶ **第三阶段：通用智能爆发（2024年末至今）**

DeepSeek-V3（671B 参数）和 R1 模型的推出标志着技术成熟度质的飞跃。通过 MoE 架构和 MLA 机制，模型在保持性能的同时将推理成本降至 GPT-4 的 2%。例如，R1 模型的 API 定价仅为 OpenAI 的 3.7%，直接触发全球 AI 服务价格战。表 1-3 显示了市场主流大语言模型的使用价格对比。

表 1-3 市场主流大语言模型的使用价格对比（单位：百万 token）

大语言模型	输入价格	输出价格	上下文长度	最大输出
OpenAI GPT-4.5	$75.00	$150.00	128k	16k
OpenAI GPT-4o	$2.50	$10.00	128k	16k
OpenAI o1	$15.00	$60.00	200k	100k
OpenAI o3-mini	$1.10	$4.40	200k	100k
DeepSeek DeepSeek–R1	$0.55	$2.19	64k	8k
DeepSeek DeepSeek-V3	$0.27	$1.10	64k	8k
Anthropic Claude 3.7 Sonnet	$3.00	$15.00	200k	128k
Alibaba Qwen2.5-Max	$1.60	$6.40	32k	8k
Alibaba Qwen-Plus-0125	$0.40	$1.20	131k	8k

来源：DocsBot

应用场景的裂变式扩展

DeepSeek 的应用场景从单一技术工具向生态级平台演变，形成了"四层渗透"格局（见表 1-4）。

表 1-4　DeepSeek 应用场景的"四层渗透"

层级	典型场景	技术支撑	案例
工具层	代码生成、数学解题	Coder/Math 模型	程序员效率提升 40%
流程层	金融风控、医疗诊断	VL 系列多模态模型	银行实现智能合同质检和风险管理
生态层	智能客服、内容创作	V3/R1 通用模型	某电商客服成本降低 70%
边缘层	移动端 AI、物联网（IoT）设备	R1 轻量化推理	DeepSeek App 日活突破 3000 万

未来发展预测

DeepSeek 的开源策略正在改写 AI 行业规则。截至 2025 年 3 月，其开源社区已聚集了 34 万开发者，未来的发展包括以下方面。

数据飞轮：用户反馈数据反哺模型迭代，R1 模型通过社区标注数据将推理准确率提升 12%。

技术飞轮：开发者优化的模块（如加利福尼亚大学伯克利分校推出的 Sky-T1 模型）被反向集成进官方版本。

场景飞轮：中小企业在开源模型基础上开发的垂直应用（法律文书生成、工业图纸解析）助推底层架构升级。

这种生态的威力从 GitHub 数据中可见一斑：DeepSeek 相关仓库的 Star 数年均增长 380%。

第三章 使用提示词挖掘DeepSeek潜能

DeepSeek 的推理与思考能力，就像一位善于"打草稿"并对草稿进行反复修改的智者，在解决问题时不仅依靠直觉，还有严谨的分析和逐步推导。下面我们用生动的比喻和类比，带你了解 DeepSeek 如何像人类一样"思考"，帮助人类做决策，以及如何运用 DeepSeek 发挥其深度思考功能。

1　DeepSeek 如何帮人做决策

你可能听说过人工智能能够"思考"，但 DeepSeek 的特别之处在于，它真正模仿了人类解决问题的全过程。就好像当你在数学考试中遇到一道难题时，你会在草稿纸上先写下所有可能的步骤，再逐步检查、修改答案。DeepSeek 也是如此，它通过以下四个阶段，逐步构建出完整的决策路径。

推理能力预训练（冷启动）

这一步就像你在考试前复习时整理出解题思路。DeepSeek 首先通过生成思维链（Chain-of-Thought，CoT），赋予模型初步的逻辑分析能力。模型学会了从"用户提问"到"分步推导"的完整路径，好比你先分析题意，再列出解题步骤的过程，为后续更复杂的推理打下基础。

推理导向的强化学习

接下来，就像你在做模拟题时不断试错、总结经验，DeepSeek 采用类似 R1-Zero 的训练方法，通过动态调整奖励机制，使模型在数学解题、代码生成等任务中逐步找到最优解。

大规模推理数据集

就像你为了准备一场大型竞赛，收集了上万道题目练习，从基础算术到复杂算法，每一道题都会成为经验的积累。DeepSeek 整合了 60 万条数学、代码和逻辑推理样本，覆盖多种场景，确保模型不仅在单一领域表现优异，还具备跨领域的泛化能力，犹如一个博览群书的"智者"。

通用强化学习与安全优化

最后，为了保证答案既准确又通顺，DeepSeek 引入了基于规则的奖励机制和人类反馈强化学习（RLHF），就像你在考试后请老师点评、修改，确保每一步推理都合理、语言表达清晰。这样既能避免过分追求数字准确性而忽略表达问题，又使得输出更符合实际应用需求（见图 1-3）。

图 1-3　DeepSeek 的深度思考过程

（来源：DeepSeek.com）

DeepSeek 在推理过程中还具备以下技术优势。

▶ 多令牌预测（MTP）

模型能够同时处理多个推理步骤，犹如在解一道复杂题目时，你需要同时考虑多个可能性，Deepseek 的推理可将效率提升 30% 以上（经 A100 实测推理速度超过 50 tokens 每秒）。

▶ 动态稀疏注意力机制

当面对长文本（例如金融年报解析）时，DeepSeek 能专注于抓住关键数字和重点段落，准确率明显提升，同时降低了计算资源消耗。图 1-4 总结了 DeepSeek "思考"的完整流程。

输入阶段　　　　　　　　处理阶段　　　　　　　　　　　　　　输出阶段
用户输入 → 数据清洗 → CoT 推理生成 → 强化学习优化 → 安全校验 → 最终输出

图 1-4　DeepSeek 推理能力训练流程

2　DeepSeek‑R1 的深度思考

要充分发挥 DeepSeek 深度思考功能的潜力，需要结合其技术特性和用户交互策略，掌握正确的思维工具和步骤。以下是系统性使用指南，可以帮助你在实际决策和创作中更好地利用 DeepSeek 的强大推理能力。

深度思考功能的核心能力解析

可以将 DeepSeek 的深度思考功能比作人的大脑的思考能力，它通过多层级语义解析和高阶推理框架（如溯因推理、反事实推理等）来实现复杂问题的拆解。其主要优势包括以下几点。

▶ 动态知识管理

就像你在解决问题时，会迅速记下关键线索并构建思维导图，模型会实时构建临时"知识图谱"，将万亿级多模态数据整合进来，为决策提供权重参考。

▶ 可解释性增强

DeepSeek 生成的推理树状图，清晰呈现了解题步骤，每个关键决策点都被明确标注，支持最多 128 步逻辑链，让用户能够理解整个推理过程。

▶ 跨领域融合

在科研、金融、教育等场景中，DeepSeek 能够实现知识迁移，类似于一个通才在不同领域中游刃有余，充分展示了其泛化能力（见表 1-5）。

表 1-5　各领域应用案例及技术支撑

领域	应用案例	技术支撑
科研	论文假设验证：输入实验数据，自动生成假设树并推荐验证路径	多假设验证框架、动态知识检索
金融	风险评估建模：分析信贷数据，识别替在违约客户并输出风险权重矩阵	符号推理引擎、可信度加权
教育	个性化学习路径：根据学生错题数据生成自适应学习计划	认知架构分层处理、注意力动态聚焦
工程	故障诊断：输入设备日志，构建故障树并推荐排查优先级	临时知识图谱、在线学习系统

优化使用的关键策略

为了让 DeepSeek 的"思考"功能发挥到极致，我们可以使用结构化提问技巧、角色与场景定制、数据驱动交互三个策略。

▶ 结构化提问技巧

○ 明确需求与背景：就像烹饪时需要明确食材和目标菜品，提问时应包含具体目标、约束条件和应用场景。例如，替换模糊指令"优化代码"为"请优化以下 Python 数据预处理代码，要求兼容 Pandas 2.0 以上版本"。

○ 分阶段拆解任务：对于复杂问题，分步骤引导模型生成方案。比如，"第一步，分析供应链中断原因；第二步，评估各原因风险；第三步，提出三种应急方案，并对比成本效益"。

▶ 角色与场景定制

○ 专业角色设定：指定领域专家身份，以提升回答专业性。比如，"你是一位有 10 年经验的半导体工艺工程师，请分析光刻胶纯度对 7nm 芯片良率的影响"。

○ 格式与风格控制：设定输出结构（如 Markdown 表格、流程图）和语言风格，既保证信息准确，也便于理解。

▶ 数据驱动交互

○ 直接输入结构化数据：就像在解对数题时提供对数表，可以让模型分析趋势或生成图表。

○ 动态修正反馈：通过多轮对话逐步优化结果。例如，"方案 B 成本过高，请提供替代方案，优先考虑本地供应商"。

3 撰写提示词的核心方法论

在实际应用中，DeepSeek 不仅仅是一个静态的工具，而更像一位不断自我完善的"智囊顾问"，它的成长离不开用户的反馈和不断迭代优化。下面我们详细介绍几种由用户反馈驱动的进阶技巧，帮助你更好地利用 DeepSeek 的深度思考功能，实现跨领域智慧决策。

基本原则

○ 明确具体：避免模糊表述，需清晰定义任务目标。错误示例："告诉我一些东西。"正确示例："请总结人工智能在医疗诊断中的三大应用场景，每项需包含案例说明。"

○ 提供上下文：增加背景信息以缩小范围。错误示例："翻译这句话。"正确示例："将以下英文技术文档片段翻译为中文，保持术语准确性：Neural networks are..."

○ 指定格式：要求输出结构化（如列表、表格、代码块等）。错误示例："列出健康饮食建议。"正确示例："以编号列表形式提供 5 条针对糖尿病患者的饮食建议，每条需包含食材和烹饪方法。"

○ 分步提问：将复杂任务拆分为子任务。错误示例："写一篇关于 AI 历史的文章，包括关键人物和应用。"正确示例："依次提出以下问题：① '概述 AI 发展的三个阶段'；② '列举三位推动 AI 发展的科学家及其贡献'；③ '分析 AI 在制造业的典型应用案例'。"

进阶技巧

▶ 思维链反向学习

用户可以通过查看模型生成的推理链条，了解 DeepSeek 是如何从问题出发，逐步推导出答案的。通过反向学习，你能捕捉到其解决问题的每一个思维节点，从而掌握处理复杂问题的方法论。

提示词示例："假设一个入职 3 个月的新员工在某项任务上表现不佳，请推理可能的原因，并提供优化建议。"

▶ 追问模式

通过连续提问来深入探讨某个问题。这种方法可以帮助你逐步深化对主题的理解，揭示更多细节和相关信息。通过追问，你可以获得更全面的知识，并发现新的研究方向。

提示词示例："请解释人工智能在医疗领域的应用，并进一步解释这些应用中最具潜力的领域。"

▶ 开放式引导：激发深度回答

提示词示例："人工智能可能对社会就业产生哪些影响？请从正反两方面分析，并给出缓解负面影响的政策建议。"

▶ 场景颗粒化

将抽象任务细化为具体场景。这种方法可以帮助你分解复杂任务，找到解决问题的方法。通过场景颗粒化，你可以更好地理解理论在实践中的应用。

提示词示例："假设你是常驻深圳的摄影爱好者，请规划周末在香港街头的摄影路线，包含三个小众机位和当地美食打卡点。"

▶ 格式约束

通过指定输出格式来获得结构化结果。这种方法可以帮助你获得清晰有序的信息，使其更容易被理解和使用。通过格式约束，你可以确保输出的信息是可读的和可用的。

提示词示例："用 Markdown 表格对比不同 AI 模型在自然语言处理任务中的优劣。"

► 角色锚定

通过角色设定来加载特定领域知识。这种方法可以帮助你从特定角度或专业视角来理解问题，并获得相关领域的专家建议。通过角色锚定，你可以更好地理解特定领域的最佳实践方案。

提示词示例："扮演跨境电商物流优化顾问，为我提供降低运输成本的建议。"

► 多步推理

通过分解任务来实现多步推理。这种方法可以帮助你将复杂问题分解成可管理的步骤，并逐步推导出解决方案。通过多步推理，你可以更好地理解问题的逻辑结构，并找到合理的解决方法。

提示词示例："设计一个活动策划方案，活动类型为户外拓展，目标是增强团队凝聚力，参与人群为公司全体员工，预算为5万元，活动时间为下周五全天。"

► 可视化讲解

通过图示来帮助理解复杂概念。这种方法可以帮助你更直观地理解抽象的理论。通过可视化讲解，你可以更好地理解复杂系统的内部机制，并找到解决问题的方法。

提示词示例："用可视化的方式讲解鸡兔同笼公式，并提供相应的案例分析。"

► 纠偏机制

通过预设纠偏机制来避免输出偏离预期。这种方法可以帮助你确保输出的信息是准确的，并在必要时进行调整。通过纠偏机制，你可以更好地控制输出的质量，并确保其符合你的需求。

提示词示例："生成 Python 爬虫代码后，自动补充必要的异常处理和日志记录功能。"

4　场景化错误示范与改进方案

通用场景

○ 错误："如何提高工作效率？"（过于宽泛）

○ 改进："作为远程工作的市场营销专员，请提供 5 个提升每日任务优先级管理效率的具体技巧，需包含工具推荐和实践步骤。"

学术写作

○ 错误："帮我修改论文。"（缺乏具体要求）

○ 改进："请以学术编辑身份检查以下问题：①修正语法错误；②确保'机器学习'术语使用一致性；③将被动语态占比降至 30% 以下。"

创意生成

○ 错误："写一个好看的故事。"（模糊描述）

○ 改进："创作一篇 800 字的悬疑微小说，主角为快递员，需包含三次反转，结局暗示超自然现象，语言风格参考东野圭吾。"

技术问题

○ 错误："这段代码有问题，修复它。"（无上下文）

○ 改进："以下 Python 函数用于计算斐波那契数列，但在输入 $n=5$ 时返回错误结果 8（正确结果应为 5）。请调试并解释错误原因：deffib(n):……"

5 口语化提示词 vs 结构化提示词

定义与特点

口语化提示词以日常对话为基础，例如"帮我制订一个健身计划"或"今天天气怎么样"等，其表达贴近用户实际交流习惯，语言结构灵活，常包含情感化词汇（如"好用到哭""吹爆"）和即兴表达。这类提示词学习门槛低，适用于对结果精度要求不高、任务简单的场景，在 DeepSeek 的推理能力下，其表述可以得到补充。

如果要完成比较复杂的任务，尤其包含了明确框架与结构的任务，如论文报告、代码生成等，则推荐使用结构化的提示词，避免大语言模型中幻觉的产生，或进行不合理的假设，这点对于商业应用来说尤其重要。

由于结构化提示词难以编写，DeepSeek 也可以成为优秀的提示词工程师，协助用户进行编写（见表1-6）。

表1-6　口语化提示词与结构化提示词

类型	口语化提示词	结构化提示词
定义	接近日常对话的简单指令	模块化设计的复杂指令，含明确框架和逻辑
适用场景	简单任务（如信息查询、翻译等）	复杂任务（如 Agent 开发，报告撰写、代码生成等）
优点	灵活、易用	精准、可复用、减少歧义
缺点	易产生歧义，依赖 AI 推理能力	设计成本高，可能限制创造性

▶ 结构化提示词的典型框架

学术写作

Markdown

角色（Role）：学术论文润色专家

背景信息（Background）

- 专业领域：计算机视觉
- 语言：中文（需符合电气电子工程师学会会议格式）

目标（Objectives）

- 修正语法错误，提升逻辑连贯性；
- 优化技术术语使用，确保准确性；
- 缩短长句，提高可读性。

约束条件（Constraints）

- 不得改变原意；
- 字数控制在原字数的 ±10%。

工作流程（Workflow）

- 通读全文，标记语法问题；
- 逐段优化表达；
- 输出修订版本与修改说明。

市场分析：分析东南亚市场的情况

Markdown

Role：行业研究分析师

##Background：公司计划拓展东南亚跨境电商市场

##Objectives

- 识别越南、泰国、印度尼西亚三国的母婴用品市场增长驱动力；
- 预测2025年市场规模（需注明数据来源）。

输出要求（Output Requirements）

- 对比表格含人均 GDP/互联网渗透率/物流成本；
- 风险提示板块（政策、文化禁忌等）。

##Constraints
- 数据需来自 World Bank/Nielsen 近 3 年报告；
- 禁止直接引用竞品商业机密。

客户服务：回复客户的投诉邮件

Markdown

Role：客户关系管理专员

##Background：收到关于物流延迟的英文投诉信（客户订单号 #78921）

##Objectives
- 起草道歉信（英文），承诺 48 小时内解决问题；
- 提供补偿方案：15% 折扣券或优先发货二选一。

表达准则（Tone Guidelines）
- 正式但富有同理心；
- 避免使用自动化回复模板。

##Output Requirements：
- 邮件包含问题确认/解决步骤/联系人信息；
- 单独提供内部事件分析报告（200 字）。

人力资源管理：筛选合适的简历

Markdown

Role：招聘算法助手

##Background：筛选 Java 高级工程师候选人（薪资范围 25k～40k）

筛选标准（Screening Criteria）
- 必须项：5 年以上经验/主导过分布式系统项目；
- 优先项：有高并发场景优化案例/开源贡献者。

##Output Requirements:

-Excel 表格含姓名/核心技能匹配度（1—5 星）/项目经验亮点；

-自动标记学历造假风险（比对学信网数据）。

产品开发：整理用户对 App 的反馈

Markdown

Role：用户体验洞察引擎

数据输入（Input Data）

-200 条 App Store 中文评论（3 星以下）；

-净推荐值（NPS）调研结果（2024 年第二季度）。

##Objectives

-分类负面评价，包含性能/用户界面（UI）/功能缺失；

-提取前 3 种改进需求并排序优先级。

##Output Requirements

-可视化图表：差评情绪分布（积极/中性/消极）；

-功能建议文档（含技术可行性评估）。

财务分析：做个成本分析报告

Markdown

Role：智能财务顾问

##Background：制造业企业近 3 年原材料成本上涨 22%

##Objectives

-对比钢材/塑料/芯片的全球采购价格波动数据；

-提出 4 种对冲策略（含期货方案风险模拟）。

##Output Requirements

-成本结构树状图（直接材料/人工/制造费用占比）；

-敏感性分析表格（假设能源价格上涨 10%，会带来何种影响）。

探索更多的提示词技巧，建议参考 DeepSeek 的提示库（见图 1-5）。

提示库

探索 DeepSeek 提示词样例，挖掘更多可能

- **代码改写**：对代码进行修改，来实现纠错、注释、调优等。
- **代码解释**：对代码进行解释，来帮助理解代码内容。
- **代码生成**：让模型生成一段完成特定功能的代码。
- **内容分类**：对文本内容进行分析，并对齐进行自动归类
- **结构化输出**：将内容转化为 Json，来方便后续程序处理
- **角色扮演（自定义人设）**：自定义人设，来与用户进行角色扮演。
- **角色扮演（情景续写）**：提供一个场景，让模型模拟该场景下的任务对话
- **散文写作**：让模型根据提示词创作散文
- **诗歌创作**：让模型根据提示词，创作诗歌
- **文案大纲生成**：根据用户提供的主题，来生成文案大纲
- **宣传标语生成**：让模型生成贴合商品信息的宣传标语。
- **模型提示词生成**：根据用户需求，帮助生成高质量提示词
- **中英翻译专家**：中英文互译，对用户输入内容进行翻译

图 1-5　DeepSeek 的提示库
https://api-docs.DeepSeek.com/prompt-library

6 企业提示词优化建议

- 建立模板库：按部门/任务类型分类存储结构化模板
- 数据预处理：明确输入数据的清洗要求（如"排除 2020 年前的数据"）
- 合规性检查：添加法律提示（如"输出内容需通过公司合规 AI 审核"）
- 多模态扩展：指定输出形式（PPT 脚本/数据看板/语音脚本）
- 迭代机制：添加验证指令

第四章 从大众应用到商业化变革

在当今这个瞬息万变的市场环境中，企业需要不断调整战略和技术，才能脱颖而出。企业引入的"AI 2.0"技术，已经不再只是辅助工具，而是成为支撑企业生存和竞争的"氧气级基础设施"。在本章中，我们将从成本、效率、风险、生态和政策五个维度，用生动的比喻和实际案例，详细解读为何 AI 2.0 已成为企业不可或缺的战略选择。

1 为什么 AI 2.0 是企业必选项？

成本倒逼：人力与算力的"剪刀差"

随着人口结构的改变和人力成本的不断上升，企业在传统业务的人力支出方面捉襟见肘，AI 技术的普及则正好弥补了这一短板。

▶ 训练成本呈断崖式下跌

过去，大规模模型的训练成本高昂、耗费巨大。例如，某些主流模型的训练费用高达数百万美元，而如今，随着硬件性能提升和算法优化，新一代模型的训练成本大幅降低。数据显示，部分新型模型的训练成本甚至比旧版降低了近 98%，这大大降低了企业在初期引入 AI 技术的门槛。

在这一过程中，API 调用成本也出现了剧烈下降——从早期模型每千 tokens 收费数美分，到如今 DeepSeek-V3 每千 token 费用低于 0.1 美分，这让许多企业在引入智能系统时，不再担心前期投入过高问题，从而可以更加从容地布局数字化转型。

▶ 人力成本刚性上涨

与此同时，人力成本却不断攀升。以客服、文案创作、数据分析等岗位为代表的"白领"薪资持续上涨（见表1-7），也使企业在日常运营中压力倍增。举例来说，在医疗行业中，过去一次人工诊断可能耗费数百元；而经过AI影像分析系统处理后，每次诊断成本有可能降至几元。这种成本效益的巨大提升，使得企业在转型升级时具备了更大的价格竞争优势。

表1-7　AI训练成本与人力成本增长率的变化趋势

时间	AI训练成本（百万美元）	人力成本增长率（%）
2017年	300	4.0
2019年	150	6.0
2021年	80	7.5
2023年	35	8.4
2025年预测	10	不低于8.4

表1-7的数据显示：在人工智能训练成本大幅下降的同时，人力成本却不断上涨，形成了明显的"剪刀差"。企业若不及时引入AI 2.0技术，就可能在未来的市场竞争中陷入被动，生存率和竞争力大幅下降和减弱。

效率重构：从"天级决策"到"分钟级响应"

在快节奏的商业竞争中，决策的速度往往决定了成败。传统企业的决策流程冗长且难以应对突发状况。而AI 2.0则可以迅速做出反应，为企业赢得宝贵的市场先机。

▶ 决策周期大幅压缩

先进的模型和高效的数据处理能力可以让企业的决策周期从过去的"天级"缩短到"小时级"，甚至"分钟级"。举例来说，在金融领域，一家地方银行通过部署本地化微调版模型，实现了信贷审核流程的显著优化，从传统数天的审批周期缩短到数小时内完成。

▶ 多模态能力的突破

AI 技术不仅能够处理文本，还能整合图像、语音等多种信息。企业通过多模态模型能够更全面地捕捉市场信息，实现从数据采集、模型处理到决策输出的全流程智能化。这种技术优势在代码生成、自动化测试等领域也得到了充分体现，某些企业甚至将研发周期从原来的几周缩短至数小时，极大提高了研发效率，推动了企业快速转型。

风险警示：数字达尔文主义下的生存竞赛

在数字经济时代，技术的快速变革既带来了无限机遇，也掀起了残酷的生存竞赛，那些未能及时引入先进技术的企业最终只能被淘汰。

▶ 市场淘汰率骤增

研究显示，未能及时部署 AI 技术的企业，其未来几年内的市场存活率将急剧下降。未采用 AI 系统的企业在 5 年内的存活率甚至低于 30%，而领先采用 AI 技术的企业，其市场份额往往呈现年均 20% 以上的增长。

▶ 合规风险加剧

全球各国对新兴技术的监管不断加强，尤其是在医疗、金融等高风险领域。欧盟的《人工智能法案》要求高风险应用场景必须具备强大的可解释性，而那些采用闭源、缺乏透明度的模型将面临更高的法律风险。相比之下，采用先进伦理对齐框架的系统能够将不良输出概率控制在极低水平，为企业规避合规风险提供了有力保障。可以说，在未来的竞争中，合规风险将成为影响企业生存的重要因素之一。

生态重构：开源技术民主化与硬件适配革命

在商业变革的道路上，生态建设同样至关重要。企业的技术生态也需要不断重构与升级。

▶ 开源生态的杠杆效应

开源技术的推广和普及，形成了一种共赢的局面。DeepSeek 推出的全栈开源工具链覆盖了训练代码、数据清洗流程以及低精度量化工具，使得中小企业能够以极低的成本部署先进的智能系统。据统计，相关开源项目在 GitHub 上的下载量迅速攀升，形成了以金融、医疗、教育为代表的广泛开发者生态圈。

▶ 国产硬件的突破

国产硬件的快速发展也为企业应用 AI 提供了强大的技术保障，还降低了运营成本。以华为昇腾芯片为例，经优化后的 DeepSeek 模型在昇腾 910 芯片上展现出显著优势，吞吐量比传统高端芯片提升了近 15%，推理延迟则降低了 22%。这种技术的进步使得在智慧城市、边缘计算等领域部署大规模智能系统变得更加现实和经济。

政策与生态：国家战略驱动产业升级

▶ 资金支持与税收优惠

国家通过财政补贴、产业基金和税收减免等政策降低企业研发成本，通过高新技术企业税收优惠和研发费用加计扣除政策支持中小企业。此外，政府通过优先采购国产 AI 产品的方式，进一步拉动市场需求。

▶ 技术创新与标准建设

政策强调核心技术攻关，包括算法模型创新、数据开放利用试点，以及计算基础设施的绿色低碳标准体系建设，并规划推动5G、AI与制造业深度融合，形成智能制造标准体系。

▶ 人才培养与数字素养提升

高等教育中增设了AI学科，并通过人才引进政策吸引海外专家。同时，国家实施数字素养提升行动，加强公众对AI技术的认知与伦理教育。

▶ 应用场景拓展与生态构建

政府推动"AI+专项行动"，开放能源、医疗、金融等领域的示范场景。国资央企作为核心客户源，主动向社会开放应用场景，加速企业端（B端）商业化落地。例如，三大运营商（移动、电信和联通）、阿里巴巴、腾讯全面接入国产开源模型 DeepSeek，推动其在多场景中的技术验证。

2 AI 商业化临界点与未来趋势

从上述各方面来看，AI 2.0技术正逐步成为推动全球商业化变革的重要引擎。未来三年内，AI技术商业化的几个关键趋势将显现出来。

行业垂直应用深化

随着技术成熟度的不断提升，金融、医疗、制造、教育等核心行业将迎来更深入的垂直应用。这些行业通过引入专门化模型，实现业务流程的智能化改造，从而大幅提高效率和降低成本。

中小企业应用门槛降低

由于训练成本和部署成本进一步下降，越来越多的中小企业将利用 AI 技术实现业务转型，推动整体市场规模快速扩大。数据共享和开源生态的发展，也将使得这些企业在技术应用上具备更多创新可能。

企业竞争格局的重塑

早期部署 AI 技术的企业将迅速形成竞争优势，传统企业若不能及时跟进，将在激烈的市场竞争中被淘汰。正如餐饮业中，采用现代化智能设备和创新菜谱的餐厅，往往能在激烈的竞争中脱颖而出，吸引更多顾客，形成品牌溢价。

政策与监管的趋严

全球范围内对 AI 技术的监管将不断趋严，特别是在高风险领域。企业在进行商业化部署时，必须确保系统的可解释性和安全性，否则将面临更高的法律风险和市场制约。

技术生态与产业链的协同演进

开源生态、国产硬件和数据治理的不断完善，将进一步推动整个 AI 产业链的协同发展。未来，企业不能仅依靠单一技术，而要通过跨界协同与开放创新，实现全产业链的智能升级和价值重构。

第二篇

应用篇

PART 1

很多企业的经营者在体验了 DeepSeek 的神奇之后，依然会心生疑虑：我们的企业用 DeepSeek，是不是太早了？是不是该等到技术更成熟、方案整合商更多的时候再使用？这种心态背后隐藏着的担忧是：曾经的数字化转型举步维艰，经历了漫长的阵痛与高昂的成本期，现在上人工智能，会不会再次陷入"叫好不叫座"的尴尬境地？

第一章　什么样的企业更需要AI

1　判断 AI 适配性的关键

很多管理者依旧停留在传统的成本思维模式，认为 AI 适合的是"用人多"的场景，在这样的场景中，AI 能替代员工达成节省成本的作用。但大模型的真正价值，在于处理企业内部高密度的"语言劳动"。

回想一下，你的企业中有没有存在反复书写类似邮件、开大量的会议、关键节点能力出现拥堵、制定大量有效期不超过 1 个月的制度、职能间存在大量的沟通摩擦继而拖慢行动速度等问题？

这些都属于典型的高信息密集型任务。企业中这种类型的任务越多，组织和推进的效率越低，即我们常说的部门墙或单点拥堵。越是在这样的场景，AI 就越能发挥价值。它像一位无形的助手，将员工从重复性、低价值的任务中解放出来，让他们专注于更具创造性和战略性的工作。判断 AI 适配性的关键，不是"人力密度"，而是"信息密度"。越是信息密集、沟通复杂的场景，AI 的潜力越能被充分释放，从而帮助企业突破效率瓶颈，实现真正的降本增效。

而这仅仅是类似 DeepSeek 这种大语言模型最为初级和浅显的用法。

2　精准判断企业 AI 适配性

要更系统、更精准地判断企业是否适合引入 DeepSeek 大模型，可以使用"三维度四象限"的评估方法。

三个关键维度分别是任务复杂度、数据充分性和组织心态成熟度。

任务复杂度

任务复杂度主要考察企业任务的描述是否清晰以及流程是否固定。如果任务能够被明确描述且流程较为固定，则表明企业在任务复杂度方面具备较好的基础。例如，某些企业可能已经实现了标准化的业务流程，这就为 AI 模型的应用提供了便利条件。

数据充分性

数据是 AI 应用的核心资源。企业内部的数据是否完备、结构化程度是否较高是衡量数据可达性的关键指标。例如，一些企业已经完成了数据治理和清洗工作，这为 AI 模型的训练提供了高质量的数据支持。另外，数据隐私和安全性也是中小企业在选择场景时需要重点考虑的因素。

组织心态成熟度

组织心态成熟度反映了企业上下是否愿意尝试和接受 AI 工具。如果企业内部具有积极的 AI 接受度和探索精神，则表明其在组织心态成熟度方面表现良好。例如，一些企业通过"AI 入门研讨会"提升了团队对 AI 的认知，从而降低了盲目追求边缘价值的倾向。

根据上述维度，可以将企业划分为如表 2-1 中的四象限。

表 2-1 企业四象限

维度组合	任务明确	任务模糊
数据充分 + 心态积极	AI 先锋企业，强烈推荐快速部署 AI 解决方案，持续优化和迭代，逐渐自开发	AI 探索企业，建议制订战略规划，探索 AI 场景，推演企业价值的新形态
数据充分 + 心态保守	信息化企业，建议逐步实施小规模 AI 项目来验证效果	寻求外部的咨询工作，参考同行的 AI 改造范式
数据不足 + 心态积极	重新梳理信息化架构，梳理数据源与标准化性关系，寻求外部咨询的帮助	从改造员工个人的生产效率入手，广泛使用成熟的 AI 工具提高效率
数据不足或心态保守	建议充分接触非常成熟的合作伙伴和外部供应商	保持对行业的观望，参与培训

3 不同规模企业的 AI 应用建议

根据企业规模的不同，建议结合 DeepSeek 的特点和优势，制订适合自身业务需求的落地方案。以下是针对微小型企业、中型企业和大型集团企业的详细建议。

微小型企业

微小型企业通常资源有限，但对效率提升的需求较高，推荐使用 DeepSeek 的云端 API 服务，以低成本快速切入客户服务、营销内容生成、招聘和培训文档的自动化处理。这种方式不仅降低了技术门槛，还能迅速实现 AI 赋能，提升工作效率。

▶ 实践范式

小规模的电商团队利用 DeepSeek 自动撰写营销文案、设计营销图片，极大提升了产品上新的速度和质量。通过 AI 生成的文案，团队能够更高效地完成市场推广任务，同时减少了人工撰写的时间成本。

▶ 优势

○ 低成本：DeepSeek 的开源特性和低推理成本使其适合预算有限的微小型企业。

○ 快速部署：云端 API 服务简化了技术实施过程，无须复杂的硬件或基础设施投入。

○ 灵活性：短期内提升员工工作能力，可以根据具体需求调整 AI 模型的应用场景，如营销文案生成、招聘职位描述等。

中型企业

中型企业通常拥有一定的规模和技术基础，适合通过"DeepSeek+ 知识库"模式搭建企业内部智能文档助手、培训助手或销售助手。这种方式可以显著提升内部效率，优化业务流程。

▶ 实践范式

某制造企业（180 人）用 DeepSeek 构建企业知识库，将培训时间从 1 个月压缩到 7 天。通过 AI 助手，员工能够快速获取所需信息，提升了学习效率和工作适应性。

▶ 优势

○ 知识整合：DeepSeek 的知识库功能可以帮助企业将分散的信息集中管理，提升知识共享效率。

○ 个性化服务：通过检索增强生成（RAG）技术，AI 助手能够根据用户需求提供定制化支持，如培训内容推荐、销售策略分析等。

- 降本增效：减少人工培训时间，提高工作效率，同时降低培训成本。

大型集团企业

大型集团企业通常需要从战略高度考虑 AI 的应用，将 DeepSeek 融入企业整体的数字化架构中，建设统一的"智能中台"，实现业务流程的全链条优化。

▶ 实践范式

某国际企业咨询集团搭建了内部使用的政策法规的合规平台，将内部报告生成时间从过去的 7 天缩减至 1 天以内。AI 技术大量减少了内部的培训与合规教育，使集团能够更快速地完成数据分析和决策支持工作，提升了整体运营效率。

▶ 优势

- 战略整合：DeepSeek 的开放架构使其能够与企业的现有系统无缝集成，DeepSeek 的推理能力大幅提高了任务的分析和拆解能力。

- 全链条优化：通过 AI 技术，企业可以在多个业务环节实现自动化和智能化，如客户企业背景调查。

- 数据安全与隐私保护：DeepSeek 开源且支持私有化部署，确保企业数据的安全性和隐私性。

第二章　DeepSeek落地企业的七大场景

企业最先落地 AI 的场景，往往具备三个核心特征：AI 单点技术相对成熟、业务痛点亟待解决、已有数据基础较为完善。AI 应用的首次落地，不仅是企业智能化转型的重要里程碑，更是一次对 AI 价值的实战验证。企业首次在真实业务场景中成功跑通 AI 应用的开发、部署和运营全流程后，能够清晰地认识到在应用 AI 过程中可能面临的技术瓶颈、数据挑战和人才缺口，还能直观地感受到 AI 为组织带来的实际效益。

本章将深入剖析企业界最具代表性且能够快速见效的七个 AI 应用场景，这些场景不仅是 AI 技术落地的切入点，更是企业迈向智能化转型的关键突破口。

通过这七个场景的实践，企业能够以小步快跑的方式，逐步构建起对 AI 技术的信心，并在实践中不断优化和扩展 AI 的应用范围，最终实现从单点突破到全面智能化的跨越式发展。

场景一　打造全天候不休息的智能服务团队

客户服务几乎是所有企业都绕不过去的关键环节，而传统客服模式成本高昂、效率低下，容易出现沟通误差，尤其跨时区、跨语言的客服场景，更是痛点频发。

某智能客服平台对"DeepSeek+智能客服"在不同行业、超过 30 个大模型的应用场景进行了全面评测。结果显示，超过 90% 的场景通过切换

DeepSeek-V3 或 R1 模型，带来了 5% ～ 20% 的效果提升。

场景二　每个销售新人都能成为业绩高手

企业最怕的是销售经验难以复制，拥有丰富销售经验的优秀销售人员的离职会给企业造成巨大损失。一家主营工业设备的外贸公司曾深受此困扰：每年因优秀销售员离职带来的客户流失损失达百万元。

傲途通过接入多种大语言模型构建了一个"智能销售助理"（见图 2-1），将资深销售员的谈判话术、报价方法和客户维护技巧通过模型训练沉淀下来。新人入职后，可以随时通过 AI 助手学习如何应对客户提问，形成个性化报价方案，实现 24 小时在线接单。新销售员的培养时间从 3 个月降低至 1 个月，销售转化率提高了 25%。

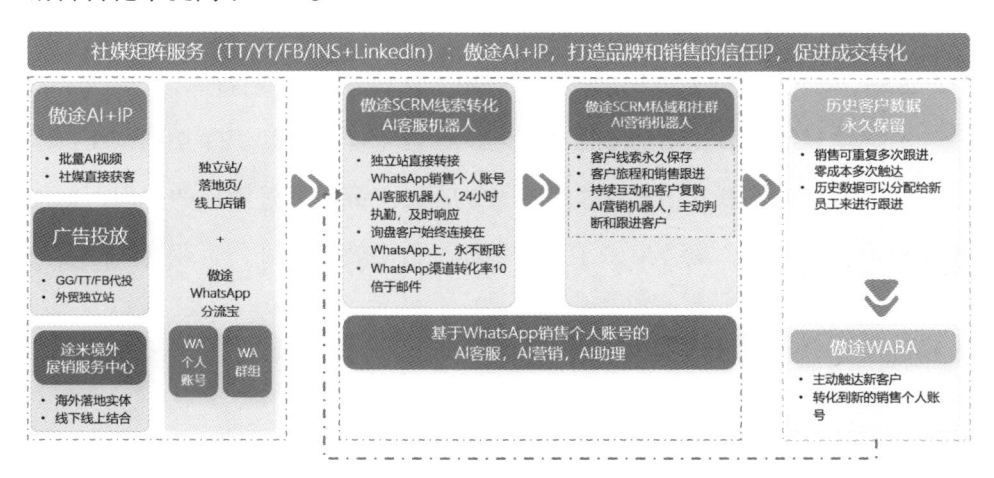

图 2-1　傲途的"智能销售助理"
（来源：https://socialepoch.com/b2bsocialselling）

场景三 研发代码助手——大幅提升企业的研发效率

企业数字化升级的核心瓶颈之一往往是软件开发环节，成本高、周期长、人才匮乏是其常见问题。

引入DeepSeek-Coder后，研发团队在编码过程中实现了代码自动生成、实时错误检测、代码重构建议和开发文档的自动撰写，大幅减轻了程序员的日常负担。原本2周才能完成的一个功能模块只需3天即可交付，代码质量显著提高，节省了大量处理错误的时间。

场景四 内部培训与知识管理

在企业发展过程中，内部知识和员工经验的沉淀至关重要。一家规模为200人的精密制造企业曾经深受新员工培训周期长、效果差的困扰。引入DeepSeek后，企业将多年积累的培训资料、岗位标准作业程序、历史技术文档、法律法规统一导入由DeepSeek和RAG技术构成的知识库平台，在技术上实现了智能问答和知识检索（见图2-2）。员工只需通过简单的提问，就能快速获取精准答案，显著缩短了培训周期，适岗效率提升，企业整体经营效率提升。

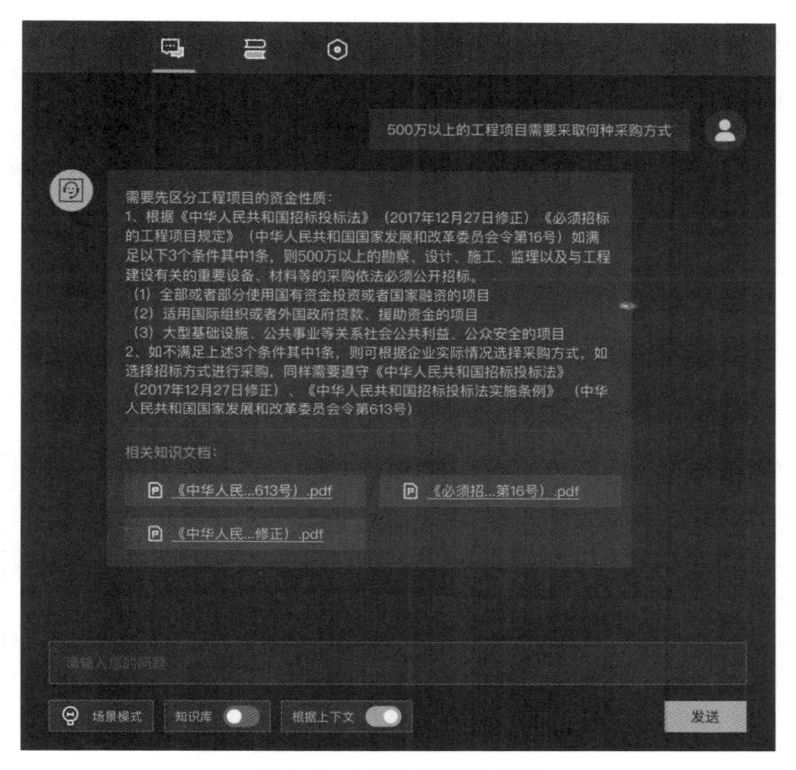

图 2-2　企业内合规平台范例

（来源：https://www.pwccn.com/zh/blog/state-owned-enterprise-soe/start-new-stage-risk-control-compliance-management-aug2023.html）

场景五　智能决策支持——让企业决策变得精准且高效

企业管理层每天都要对海量的信息和报告进行决策，决策往往依赖于人工主观分析，效率低下，准确性不足，管理层的大量时间浪费在无效的报告阅读和反复沟通上。

阿里巴巴的 Quick BI 通过与 DeepSeek 深度适配，能够提供安全高效的智能数据分析解决方案，并支持多模态 AI 技术，实现了多维度分析结果的输出

（见图 2-3）。这种集成使得 Quick BI 能够构建数据智能体生态，满足企业场景的个性化需求，并为未来的多 Agent 模式奠定技术基础。

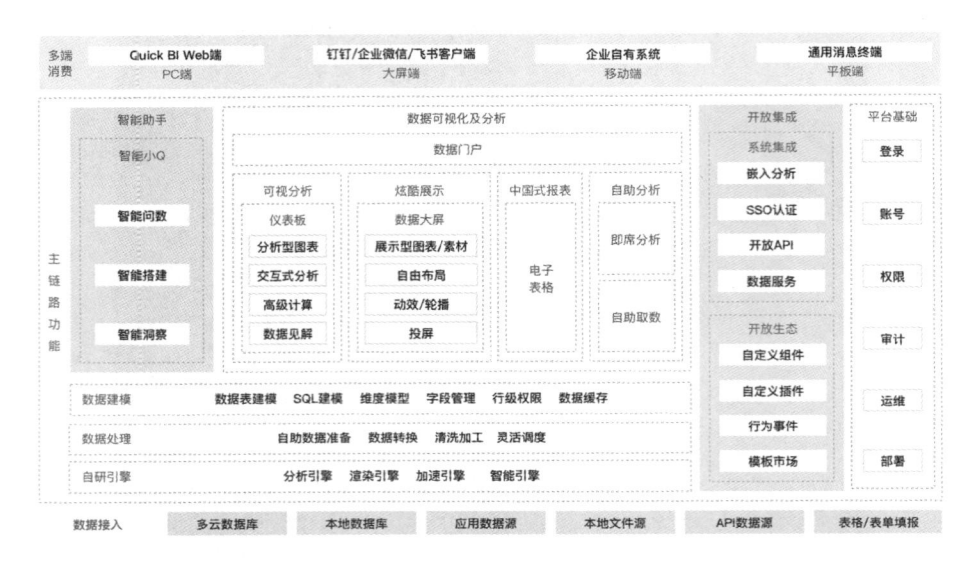

图 2-3　阿里巴巴的 Quick BI（已接入 DeepSeek）
（来源：aliyun.com）

场景六　文档自动化生成与审核——告别重复工作

大量标准化文档和合同的生成、审核占用了企业员工大量的宝贵时间，特别是在律所、咨询公司、财务公司等服务性行业，这类重复劳动更加常见。一家中等规模的律师事务所每周需投入数十小时来起草、审查各类标准合同和法律文件。

WPS 灵犀引入 DeepSeek 后，只需提供必要的业务信息，就可自动起草各类文书（见图 2-4）。起草与审核效率提高了 80%，人工复核时间大幅缩减，节省了大量的人力成本。

图 2-4　WPS 灵犀引入 DeepSeek 后
（来源：WPS 灵犀官网）

场景七　多语言跨境运营——拓展全球市场

许多企业跨境运营最大的障碍之一就是语言和沟通问题。中国作为制造业大国，要接待来自全球各个国家的客户，语言和时差就是巨大的沟通障碍。

2025 年 2 月，阿里国际站的 AI 外贸产品（见图 2-5）生意助手已接入大模型 DeepSeek-R1，将之全面应用于外贸生意的各个核心环节，以提升推理能力，帮助商家拓展生意。2025 年春节期间，阿里国际站 AI 外贸产品帮助外贸商家接到了 2000 万美元的中东大单。

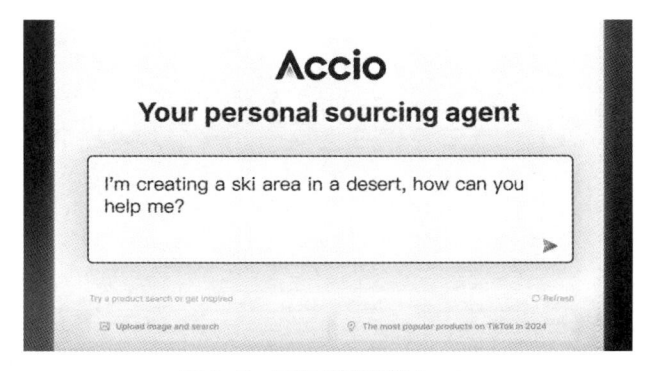

图 2-5　B2B 搜索引擎 Accio
（来源：accio.com）

表 2-2 概括了 DeepSeek 在不同落地场景中的应用特点，帮助企业判断其技术引入的适配性与价值。表格按"场景名称""适合的企业类型""实施前痛点"和"考核 ROI（投资回报率）"四个维度展开，便于管理层快速把握关键决策要素。

表 2-2 DeepSeek 落地场景总结

场景名称	适合的企业类型	实施前痛点	考核 ROI
客服自动化	外贸公司、电商	客服响应延迟	成本节省
销售辅助	制造企业	销售经验流失	收入增长
研发代码助手	软件即服务（SaaS）企业	开发周期长	开发人效提升
内部培训与知识管理	制造企业	员工培训周期长	效率提升
智能决策支持	金融集团	决策效率低	战略执行效率提升
文档自动化与生成审核	律师事务所	人工重复劳动多	人力成本降低
多语言跨境运营	跨境电商	语言障碍成本高	收入提升

第三章 DeepSeek项目落地指南

第一步 选择高投资回报率（ROI）的试点场景

企业启动 AI 项目改革时犯的最大错误，往往就是选错了场景。许多管理者总想做个"大项目"，寄希望于"一次成功"，结果往往投入大、见效慢，甚至导致项目失败。

其实，第一个场景越具体、越清晰、越可衡量越好，最理想的是具备以下三个特征。

○ 业务痛点明确：能够准确地用语言描述场景中的问题，ROI 效果可量化，且问题本身具有较高的业务价值，能够直接推动企业核心目标的实现。

○ 数据资源充足：已经积累了结构化或半结构化的数据，比如邮件、文档、数据库等，且数据质量较高，能够支持模型的训练和验证。

○ 预期效果易衡量：如效率提高百分比、人工成本降低数值、客户满意度提升，且这些指标能够通过数据或业务反馈进行量化评估。

第二步 DeepSeek 选型

作为一家大模型公司，DeepSeek 不仅拥有代表性的大语言模型产品 DeepSeek–R1，还布局了面向多种应用场景和目标的丰富模型体系。R1 是其中的明星产品，但并非唯一，DeepSeek 持续推出了覆盖不同需求的模型方案（见表 2-3），以构建更具广度和深度的智能能力矩阵。

表 2-3　DeepSeek 现有模型的分类及对比

模型名称	DeepSeek-V3	DeepSeek-R1	蒸馏模型系列	DeepSeek-R1-Zero
模型类型	通用对话模型	推理模型	轻量级模型	未蒸馏原版模型
架构与核心技术	- 混合专家架构（MoE） - 多头潜在注意力（MLA） - 多 Token 预测（MTP） - FP8 混合精度训练	- 基于强化学习 - 冷启动生成推理数据 - 群体相对策略优化（GRPO）	- 知识蒸馏技术 - 针对中英文优化（Qwen/LLaMA 适配）	- 未压缩的原始架构
应用场景	智能客服、知识问答、内容生成、行业研报分析	数学问题解决、代码生成、逻辑推理、复杂任务处理	本地部署、低资源场景下的基础任务处理	超大规模推理任务（如科研、企业级应用等）
参数规模	670 亿参数	未明确（推测超百亿）	1.5B/7B/14B/32B/70B	671B
硬件需求	云端部署为主，本地部署需较高配置（未明确具体需求）	本地部署需高显存（如 14B 模型需 8-9GB 显存）	-1.5B：极低显存 -7B：4-5GB 显存 -14B：8-9GB 显存 -32B：24GB+ 显存	需专业级硬件（如多块 A100 GPU 等）
价格（每百万 tokens）	输入：0.5 元（缓存命中）/2 元（未命中） 输出：8 元	未明确（推测与 V3 相近）	免费（本地部署无 API 费用）	未明确（推测需定制化商业协议）
幻觉率	3.9%（通用任务）	14.3%（推理任务）	未明确（推测高于原模型）	未明确
开源情况	开源	开源	开源	未开源

除了表格内容，还有以下补充说明。

模型类型与架构

DeepSeek-V3 通过 MoE 和 MLA 技术降低算力需求，适合通用任务。

DeepSeek–R1 专注推理能力优化，强化学习技术提升数学与代码生成表现。

蒸馏模型通过压缩技术降低参数规模，牺牲部分性能以适配本地部署。企业级应用建议采用至少 70B 级的蒸馏模型（非特殊型应用）。

应用场景差异

DeepSeek-V3 适用于对话与内容生成，DeepSeek–R1 专精复杂推理，蒸馏模型适合低资源场景。

行业分析场景中，DeepSeek-V3 可高效处理研究报告并提炼关键信息。

硬件与成本权衡

蒸馏模型通过参数分级（1.5B 至 70B）可以满足不同硬件条件，企业可根据硬件需求表（见表 2-4）结合业务模型，选择部署性价比最高的蒸馏模型。

DeepSeek-V3 的 API 价格虽有上调，但仍显著低于 GPT-4o 等闭源模型。

表 2-4 DeepSeek 系列模型硬件需求

模型名称	参数量	激活参数量（推理）	显存需求（推理）	推荐 GPU（单卡）	多卡支持	量化支持
DeepSeek-V3	208B（MoE）	30B	~28GB	NVIDIA A100/A10, RTX 4090	支持	支持（4/8-bit）
DeepSeek–R1	15B	15B	~30GB（FP16）	NVIDIA A100, RTX 4090	支持	支持（4/8-bit）

续表

模型名称	参数量	激活参数量（推理）	显存需求（推理）	推荐GPU（单卡）	多卡支持	量化支持
DeepSeek-V2	236B（MoE）	21B	~20GB	NVIDIA A100/A10, RTX 3090/4090	支持	支持（4/8-bit）
DeepSeek 67B	67B	67B	~140GB（FP16）	4×A100-80G	必需	支持（4/8-bit）
DeepSeek 7B	7B	7B	~14GB（FP16）	RTX 3090/4090, A10	可选	支持
DeepSeek 1.3B	1.3B	1.3B	~3.6GB（FP16）	RTX 3060, Tesla T4	无须	支持

局限性

DeepSeek 模型普遍存在较高幻觉率（尤其是 DeepSeek-R1），需结合检索增强生成技术，优化准确性。

未蒸馏原版模型（如 671B 参数版本）硬件门槛极高，尚未普及。

如需更详细的技术参数或部署方案，可参考官方文档及第三方测评。

第三步　DeepSeek 的部署方式

云端部署：快速与灵活并存

云端部署是指将 DeepSeek 技术托管在云服务平台上或直接提供 API 服务（见图 2-6）。该方式的最大优势在于快速启动，使企业可以通过互联网访问和使用。企业无须自行搭建服务器或投入大量前期基础设施，只需购买云服务器或订阅服务即可上手。成本方面，云服务通常采用按需付费模式，根据使用量计费，这对于预算有限的中小企业或初创企业尤为友好。另外，云端部署具有强大的扩展性。随着业务增长，计算资源可以随时增加，无须担心硬件瓶颈。

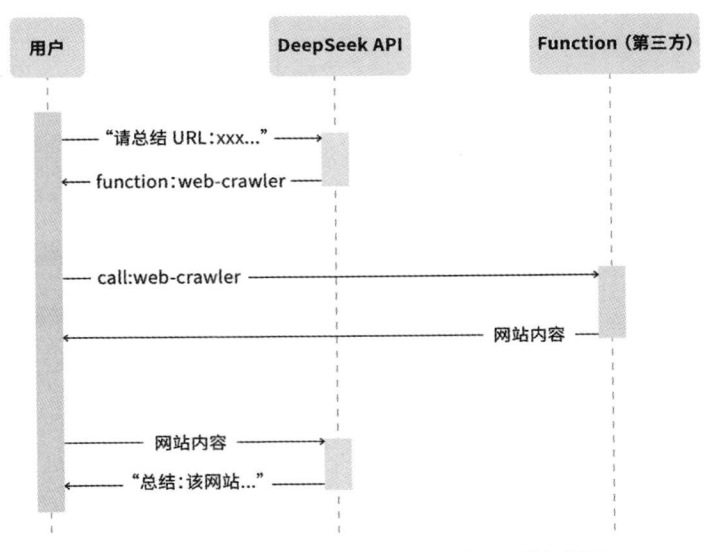

```
用户                DeepSeek API           Function（第三方）
 |                      |                      |
 |—"请总结 URL：xxx..."→|                      |
 |                      |                      |
 |   function:web-crawler                      |
 |                      |—call:web-crawler ———→|
 |                      |                      |
 |                      |←———— 网站内容 ———————|
 |                      |                      |
 |←———— 网站内容 ———————|                      |
 |←—"总结：该网站..."———|                      |
 |                      |                      |
```

图 2-6　DeepSeek 与企业网站通过 API 进行调用
（来源：DeepSeek API 文档）

然而，云端部署并非没有短板，数据安全和隐私是首要隐患。企业需要将敏感数据上传至云端，尽管服务商通常提供加密保护，但数据泄露或合规性问题仍可能让管理者寝食难安。另外，依赖网络的特性意味着，一旦网络中断，业务就可能受到影响。对于数据敏感行业如金融或医疗，云端部署的这些缺点尤为突出。

亚马逊云科技（AWS）、微软 Azure、阿里云、腾讯云、金山云等主流平台均支持 DeepSeek 的部署和托管服务。

私有化部署：安全与掌控兼得

私有化部署则将 DeepSeek 技术部署安装在企业自有的服务器或数据中心内，其核心优势是数据安全性。所有数据都存储在企业内部，受到严格的防火墙和访问控制保护，这对于需要遵守严格隐私法规［如《通用数据保护条例》（GDPR），前身是欧盟在 1995 年制定的《计算机数据保护法》］的企业尤为重要。私有化部署允许企业根据自身需求定制技术，例如调整模型参数或集成现有系统，灵活性更强。

但私有化部署的代价也不小。高昂的成本是首要挑战，包括硬件采购、维护以及电力消耗等开支。另外，它对 IT 资源和专业知识的需求较高，企业需要一支技术团队来管理和优化系统。对于资源有限的小型企业，这可能是一道难以逾越的门槛。

如果你的企业规模较小，预算有限，数据规模也不大，建议你先通过云端 API 快速启动项目。这样做成本低、效率高，不需要专业的 AI 技术团队，即插即用，马上见效。

但如果你的企业对数据敏感、规模较大，内部有成熟的 IT 或开发团队，希望将大模型作为企业战略资产，那么可以选择私有化部署。私有化部署虽然前期投入稍高，但在数据安全性、定制化程度、长期的成本优势方面与云端部署相比，都有较大提升。

第四步　大语言模型的技术整合

DeepSeek 本身是一个强大的自然语言处理工具，能够通过对话、生成文本、代码编写等方式为企业提供智能化支持，但更多的时候是充当大脑的角色，在企业落地过程中需要与多种工具和系统进行紧密协作，以实现高效应用和深度整合。这种协作不仅仅局限于技术层面，还需要考虑企业的复杂需求和现有基础设施。

在实施 DeepSeek 项目时，企业需要做好以下准备。

技术整合

DeepSeek 需要与 RAG 技术、Agent 工作流平台等进行无缝对接，以实现智能化的文档检索、生成和自动化流程。这需要具备一定的技术基础和开发资源，例如使用 LangChain 等框架来封装模型实例，并通过 API 进行调用。

业务场景适配

企业需要根据不同的业务场景对 DeepSeek 模型进行微调和二次训练，以确保其能够满足特定需求。这可能涉及数据准备、模型优化等工作，需要投入相应的人力和时间资源。

与现有系统对接

DeepSeek 需要与企业现有的办公软件、业务平台和数据平台进行对接，以实现数据的无缝流转和共享。这可能需要进行 API 集成、数据格式转换等工作，以确保不同系统之间的兼容性和可靠性。

风险管理和优化

在实施过程中，企业需要关注潜在的技术风险和道德风险，例如数据安全、模型偏差等问题，需要建立风险管理框架，持续监控和评估项目的进展，并根据需要进行调整和优化。

第五步　DeepSeek 项目成效衡量

明确衡量标准

在启动 DeepSeek 项目之前，企业必须设定具体的衡量标准，以确保项目目标清晰且可量化。这些标准包括成本节省百分比（人员成本、时间成本）、效率提升百分比（响应时间缩短、流程周期缩短）、客户满意度提高百分比，以及人工工作负担减少百分比。这些指标不仅能够帮助企业评估项目的实际效果，还能为后续的优化提供依据。

设定基线与目标

在项目实施前，需要建立基线数据，以便在项目完成后进行对比分析。例如，通过记录项目实施前的人员成本、响应时间、客户满意度等数据，可以更直观地评估 DeepSeek 项目对这些指标的具体改善程度。

跟踪关键绩效指标（KPIs）

成功的 AI 项目需要通过一系列的 KPIs 来衡量其成效。例如：

- 成本节省：通过减少人工成本或提高资源利用率来衡量。
- 效率提升：通过缩短响应时间或优化流程周期来衡量。
- 客户满意度：通过客户反馈调查或续订率等指标来衡量。
- 人工工作负担减少：通过减少重复性任务或提高自动化水平来衡量。

定期评估与调整

在项目实施过程中，应定期对 KPIs 进行评估，并根据实际情况调整策略（见图 2-7）。例如，如果发现某些指标未达到预期目标，可以及时优化 AI 模型或调整业务流程。另外，通过与团队成员和利益相关者沟通，可以确保项目始终符合企业的战略目标。

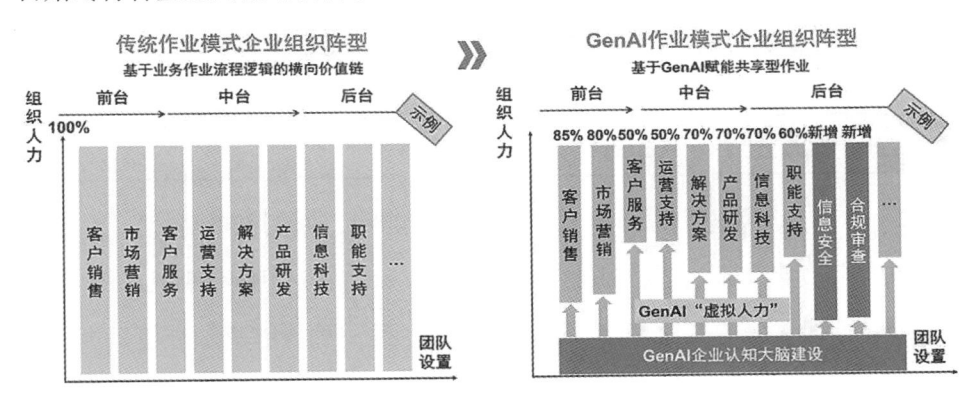

图 2-7　传统作业模式企业组织阵型与生成式 AI（GenAI）作业模式企业组织阵型
（来源：https://www.pwccn.com/zh/issues/generative-ai/transformation-of-genai-operation-mode-in-enterprises-mar2024.html）

第六步　DeepSeek 项目推广复制

首个 DeepSeek 项目成功之后，企业如何进行后续推广复制呢？这时候应做到以下方面。

- 形成清晰的技术文档和经验报告；
- 明确第二批场景的选择标准和复制路径；
- 在企业内部召开小规模的分享会议，展示首个项目成果；
- 将成功经验标准化、模块化，将其快速复制到其他部门或场景。

第四章 AI Agent：打造智能工作流

1 什么是 AI Agent

DeepSeek 就像一个大脑，通过神经网络能够完成包括知识推理、信息整合、决策等复杂认知过程，但除了和提问者互动之外并不能处理具体的事务。AI Agent，即人工智能代理，就像人的四肢，是一种能够感知环境、进行决策并执行动作的智能实体。它通过独立思考、调用工具和资源，逐步完成既定目标。与传统的人工智能系统相比，AI Agent 具备更高的自主性和智能性，能够在复杂多变的环境中灵活应对，实现从感知到行动的闭环。

AI Agent 的核心在于其"代理"特性，即能够代表人类或组织执行特定任务，降低工作复杂程度，减少沟通成本。它不仅限于简单的自动化操作，而是能够在理解人类意图的基础上，进行逻辑推理、规划和执行复杂的任务序列。

2 AI Agent 的基本原理

AI Agent 的构建通常基于以下几个关键组件（见图 2-8）。

○ 大模型（Large Language Model，LLM）：作为 AI Agent 的"大脑"，大模型提供了强大的自然语言处理能力和知识储备能力，使 AI Agent 能够理解和生成人类语言，进行复杂的推理和决策。

○ 规划（Planning）：AI Agent 能够根据给定目标，自主制订行动计划，分解任务，并确定任务的优先级。

○ 记忆（Memory）：AI Agent 具备短期和长期记忆功能，能够存储和检索相关信息，支持持续学习和进行优化。

○ 工具使用（Tool-Use）：AI Agent 可以调用外部工具、API 和数据源，扩展其功能范围，实现与现有系统的无缝集成。

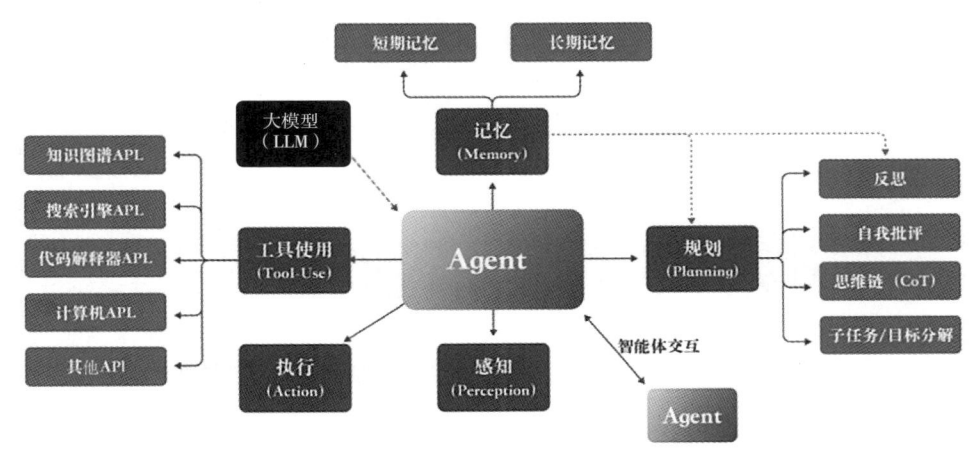

图 2-8　AI Agent 技术框架

这些组件共同构成了 AI Agent 的智能体系，使其能够在各种应用场景中发挥作用。

3　AI Agent 与传统自动化工具的区别

传统自动化工具，如机器人流程自动化（RPA），主要通过预设规则和脚本执行重复性任务，缺乏灵活性和智能性。而 AI Agent 则有与之不同的特性（见表 2-5）。

表 2-5　AI Agent 与传统 RPA 工具的对比

特性	AI Agent	传统 RPA 工具
自主性	具备独立思考和决策能力，能够根据目标自主规划和执行任务	依赖预设规则和脚本，缺乏自主性，只能执行固定任务
学习能力	能够通过感知环境、学习数据和反馈来不断优化和改进	无法学习或改进，部署后性能固定
任务处理能力	可以处理复杂、动态的任务，如多步骤规划、环境适应和动态调整	主要处理重复性、结构化任务，如数据录入、报表生成等
交互方式	能够理解用户意图并主动提供服务，支持多轮对话	交互方式被动，通常需要用户明确输入指令
灵活性	能够适应复杂环境，动态调整策略	灵活性较低，面对新情况需要人工干预
工具调用能力	可以调用多种外部工具完成任务	通常局限于特定工具或 API 调用
扩展性	高度定制化，可以根据组织需求调整	扩展性有限，通常基于预定义的工作流和规则
应用场景	广泛应用于复杂业务流程、智能决策、客户服务等领域	主要用于数据处理、自动化测试、简单任务执行等
技术基础	基于大语言模型、强化学习和深度学习	基于规则引擎、脚本编程和 API 调用
目标导向	以目标为导向，通过感知、规划和行动实现目标	以任务为导向，执行预设的步骤
用户体验	提供更智能、个性化的服务，减少人工干预	用户体验相对单一，依赖手动操作

AI Agent 的崛起并未取代 RPA，而是与其形成互补关系。RPA 擅长处理重复性、规则性强的任务，而 AI Agent 则具备更强的智能决策能力和复杂任务处理能力。未来这种结合会催生智能体流程自动化，实现更高效、更灵活和更安全的自动化流程。

4　企业建立 AI Agent 的必要性

提升工作效率与生产力

在企业运营中，许多任务具有重复性、规则性，如数据录入、报告生成、客户服务等。AI Agent 能够自动化处理这些任务，释放员工的时间和精力，使其专注于更具创造性的工作。例如，AI Agent 可以自动处理日常的客户咨询工作、生成销售报告、监控库存水平等，大幅提升工作效率。

降低运营成本

通过自动化和智能化，AI Agent 能够减少人工干预，降低人力成本。同时，AI Agent 的高效执行能力还能减少错误率，降低因人为失误带来的额外成本。据统计，企业在引入 AI Agent 后，运营成本可降低 20% 至 30%。

增强决策支持

AI Agent 能够实时分析大量数据，提供准确的市场洞察和业务预测，帮助企业管理者做出更明智的决策。例如，AI Agent 可以分析销售数据、客户反馈和市场趋势，为产品开发和营销策略提供有力支持。

整合工作流

AI Agent 能够提供 24/7（一天 24 小时，一周 7 天）的客户服务，快速响应客户需求，提供个性化的解决方案。通过自然语言处理和情感分析，AI Agent 还能理解客户情绪，提供更贴心的服务，提升客户满意度和忠诚度。

推动创新，提升竞争力

AI Agent 的应用不仅限于优化现有流程，更能够激发新的商业模式和创新机会。例如，企业可以利用 AI Agent 开发智能助手、自动化营销工具等，开拓新的市场空间，提升品牌竞争力。各大厂商的 AI Agent 也分别适用于不同的场景，有各自的优势（见表 2-6）。

表 2-6 市场主流厂商的 AI Agent 对比

厂商	平台名称	功能特点	优势	适用场景
字节跳动	Coze	无代码开发平台，支持快速创建聊天机器人，集成多种大模型	用户友好，适合非技术人员	社交媒体客服、在线教育、娱乐
FastGPT	FastGPT	开源知识库问答系统，支持 Flow 可视化工作流编排	适合需要深度定制和复杂功能的企业用户	具有知识管理与问答能力，为金融、医疗等行业提供定制化解决方案
阿里巴巴	通义千问	提供强大的语言理解能力和生成能力，支持多语言	电商领域的深厚积累，适用于商业场景	智能推荐、营销文案生成、客户支持
Dify	Dify	开源大语言模型应用开发平台，融合后端即服务和大语言模型运营（LLMOps）理念	操作便捷，适合国际化需求和高效开发的开发者	个性化 AI 产品开发、复杂数据场景运营
微软	Azure AI	提供全面的 AI 服务，包括认知服务、机器学习和 Bot 框架	全球化的云服务支持，适用于跨国企业	企业级应用、物联网、数据科学

第五章　DeepSeek+RAG：打造企业超强大脑

大语言模型如 DeepSeek 系列的出现，让机器能够以前所未有的方式理解和生成自然语言，为企业带来了从客户服务到内容创作的诸多可能性；但另一方面，这些模型也有明显的短板——它们的知识库止步于训练数据的截止日期，在瞬息万变的商业世界难免会力不从心。更糟糕的是，模型有时会"信口开河"（大模型幻觉现象），生成看似合理却毫无根据的回答，这对需要精准信息的企业来说无疑是一场灾难，从而无法在严肃的商业行为中使用模型。

1　什么是 RAG

想象一下，一家快速成长的科技公司，每天需要处理来自客户、员工和合作伙伴的大量咨询。如果全靠人力解答，不仅效率低下，成本也高得惊人。而如果交给传统的大语言模型，虽然速度快了，却可能因为知识更新不及时或内容不够准确，让公司陷入尴尬境地。这时候，RAG 技术就像一位得力的助手，既能快速"翻书"找到答案，又能用流利的语言把答案讲出来。

RAG 是一种将检索和生成两种能力结合起来的 AI 技术。它的工作原理并不复杂：当你提出一个问题时，系统会先从一个预先构建的知识库中检索出最相关的信息，然后交给语言模型加工，生成客观、准确的回答。这种方法弥补了传统语言模型的短板——只能依赖训练时的数据，而无法触及训练后的新知识。

RAG 的出现，让企业能够将自己的专有数据（比如内部文档、客户记录、市场报告）与强大的语言模型结合起来，创造出既智能又接地气的解决方案。无论是回答客户的复杂问题，还是帮助员工快速找到内部资料，RAG 都能派上用场。

2 RAG 是如何运作的

要理解 RAG 的魔力，不妨把它想象成一个高效的团队。这个团队里有两个核心成员：检索器和生成器。当你抛出一个问题，比如"最新的市场趋势是什么"，检索器会立刻冲进知识库，像个经验丰富的图书管理员，迅速找到与"市场趋势"相关的最新报告或文章。接着，它把这些"原材料"交给生成器——一个擅长讲故事的语言模型。生成器会把这些信息整理成一段通顺易懂的文字，呈现在你面前。

具体来说，RAG 的运作过程可以分解为以下四个步骤（见图 2-9）。

问题输入：你提出一个具体问题，系统对问题进行初步处理，确保关键词清晰、意图明确。

知识检索：检索器利用先进的搜索技术（通常基于向量相似度），从知识库中检索最匹配的文档或数据片段。

信息整合：检索到的内容被塞进语言模型的"思考框架"里，作为回答的参考依据。

答案生成：语言模型根据检索信息，生成一段自然流畅的文字，既回答了问题，又不失逻辑和条理。

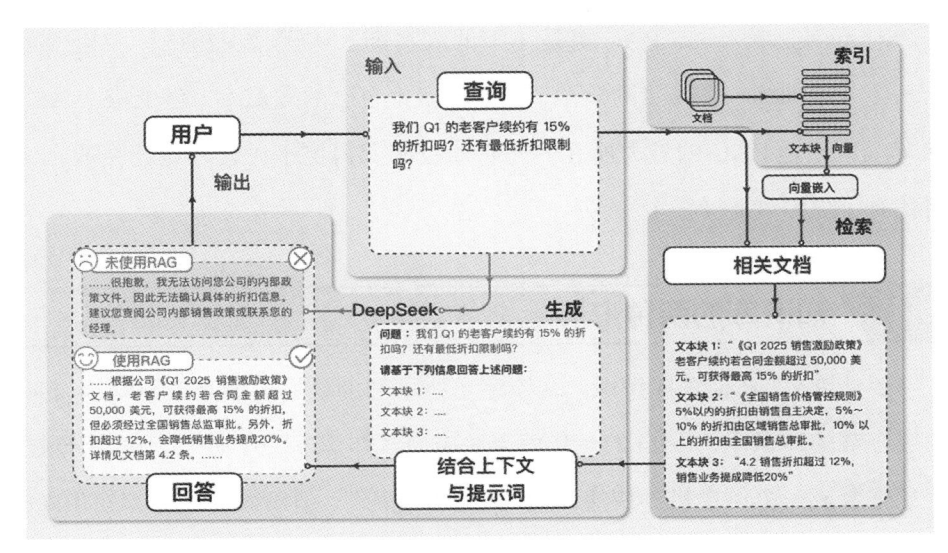

图2-9　RAG技术与DeepSeek大模型协作的流程
（来源：Retrieval-Augmented Generation for Large Language Models:ASurvey，
https://arxiv.org/abs/2312.10997）

这种"先找再说"的模式，让RAG在处理专业性强或时效性高的任务时表现出色。

3　RAG对企业的意义

更高的准确性：通过外部知识库的支持，RAG能大幅减少语言模型的"胡说八道"，让回答更贴近事实。

实时性：知识库可以随时更新，确保企业用的是最新数据，而不是停留在过去。

个性化：RAG能基于企业的专有数据生成定制内容，完美契合业务需求。

降本增效：自动化处理复杂查询，减少对人工的依赖，节省时间和人力成本。

对于创业者来说，RAG 更是一条低成本进入 AI 领域的捷径。创业者无须从零开始训练一个昂贵的模型，只需准备好自己的知识库，就能搭上 AI 的快车。这正是 RAG 的魅力所在——它让技术变得更平民化，也让企业在 AI 时代有了更多可能性。

4 知识库的两种形态

要让 RAG 真正发挥作用，知识库是绕不开的核心。没有一个结构合理、内容丰富的知识库，RAG 的优势就无法施展。知识库的本质是企业将分散的信息整合成一个可供机器快速调用的"智慧宝库"。但不同的企业，知识库的形态可能大相径庭。

从数据的组织方式来看，知识库大致可以分为两类。

结构化知识库：属于井然有序的数据集合，比如 Excel 表格、数据库里的客户记录或销售报表。它的优点是清晰、易查询，适合需要精确数字或固定格式的场景。比如，你可以用它存储产品库存数据，然后让 RAG 回答"仓库里还有多少货"。

非结构化知识库：这是一堆更"自由"的数据，像技术文档、员工手册，甚至是客户的语音留言。它的内容丰富但杂乱，需要更复杂的处理技术才能派上用场。比如，你可以用它存储公司的历史项目报告，然后让 RAG 总结"过去五年的经验教训"。

现实中，大多数企业的知识库是这两者的混合体。比如，一家电商公司可能既有结构化的订单数据，也有非结构化的用户评论。如何把这些数据整合起来，是知识库建设的关键。

5　如何打造一个靠谱的知识库？

构建知识库不是一蹴而就的事，而是一场需要耐心和策略的持久战。以下是几个关键步骤，可以帮助企业从零开始打造一个能支撑 RAG 的知识库。

收集信息：第一步是把分散在企业各处的信息集中起来。它们可能是销售部门的客户档案、技术团队的设计文档，甚至是高管们的会议记录。别忘了借助外部资源，比如行业报告或公开数据，它们也能丰富企业的知识库。

清理杂乱：收集来的数据往往是"脏"的——重复的、过时的、不完整的数据比比皆是。清理的过程就像给房间大扫除，去掉无用的东西，确保留下来的都是精华。

格式统一：为了让机器读懂，数据需要被加工成统一的格式，可能需要导入结构化数据。

嵌入索引：这是技术含量较高的一步。简单来说，就是用 AI 模型把数据变成一串数字（向量），然后存进一个特殊的数据库。这样，RAG 在检索时就能快速找到匹配的内容。

动态管理：知识库不是死的，它需要跟着企业一起成长。因此，你需要建立一个更新机制，确保新数据能及时进来，旧数据被及时淘汰。

举个例子，一家制造企业可能需要把设备维修记录、供应商合同和员工培训资料整合成一个知识库。经过清理和格式化，这些数据被存进系统，随时供 RAG 调用。当工程师问"某台机器上次维修是什么时候"，RAG 就能立刻给出答案。

6 维护知识库的秘诀

建好知识库只是开始，如何让它保持活力才是真正的挑战。以下是几点实操性强的建议。

定时刷新：设定一个更新周期，比如每月检查一次，确保知识库跟得上业务变化。

质量把关：安排专人或工具定期检查数据是否准确、有无遗漏。毕竟，垃圾进垃圾出，知识库的质量将直接影响 RAG 的效果。

用户参与：让员工和客户反馈知识库的不足。比如，如果有员工发现某个答案不靠谱，可以标记出来，供团队改进。

安全第一：知识库里可能有敏感信息，比如客户数据或商业机密，因此应设置权限，确保只有"对"的人能看到"对"的内容。

一个运转良好的知识库，就像企业的"大脑"，不仅能记住过去，还能为未来提供智慧。

第六章　DeepSeek的组合应用

1　DeepSeek x 飞书

在飞书的多维表格里，用户无须手动配置 API 或创建密钥，即可直接使用 DeepSeek 的功能（见图 2-10）。这种集成使得用户可以批量处理表格中的内容，例如生成文案、脚本、视频分镜等，同时支持团队协作。

多维表格不仅限于文本生成，还支持多模态处理（如图片/文件批量处理）和动态参数配置。

图 2-10　飞书多维表格配置 DeepSeek‑R1 批量写作
（来源：feishu.cn）

2　DeepSeek x 即梦 AI

DeepSeek 有非常好的推理模型，可以帮助我们生成高质量的提示词，提供给即梦 AI 生成视频产品。使用文生视频的功能可以生成高质量的视频，文生图也有同样的效果。

提示词范例：你是一名优秀的提示词工程师，请帮我生成一段用于文生视频的提示词，内容是介绍洛阳古城的风光、历史，视频长度 30 秒，5—7 个镜头。请给我 5 个方案。以下是视频生成效果截图（见图 2-11）。

图 2-11　视频生成效果截图
（来源：jimeng.jianying.com）

即梦 AI 本身也引入了 DeepSeek，但使用 DeepSeek 可以有更多选择，修改起来也更方便。

3 DeepSeek x 思维导图 Xmind

DeepSeek 可以输出各种思维导图的文档格式，只需要对 DeepSeek 说出内容要求，并要求它输出 .md 格式文档，然后导入 Xmind，即可完成，大大提升了效率。其他的思维导图类文件也是同样的原理。

提示词范例：我需要组织一场 500 名员工的培训，请规划这个活动，并进行归类整理，生成 Xmind 可以使用的 Markdown 格式。

4 DeepSeek x PowerPoint

由于 DeepSeek–R1 有非常好的推理模型，因此能够有更好的内容规划效果。

提示词范例：我是公司的 HR，我需要临时制作一份用于讲解个人商业保险的 PPT，请帮我规划一下需要讲哪些内容，不清楚的地方可以留空，输出 Markdown 格式文档，然后可以导入 AiPPT、Kimi 等 PPT 生成工具。

第七章　AI是组织升级的加速器

1　AI 落地的关键，从来不是技术

很多企业主在成功实施了第一个 DeepSeek 项目后，会感到兴奋：我们是不是已经成功完成了 AI 转型？

真实情况往往并非如此。第一次项目的成功，只意味着在企业内部初步证明了 AI 的价值。然而，更重要的挑战才刚刚开始。AI 从根本上来说不是一个独立的工具，只有与组织深度融合时才会实现其价值。

进入 AI 时代，组织与 AI 会呈现三种不同的融合模式。

第一种是"傀儡型"组织，这类组织只是简单引入了 AI 工具，员工并未主动适应，组织的架构和流程也未发生任何变化，AI 的作用很快就会衰减；

第二种是"协同型"组织，这类组织将 AI 视为辅助工具，对业务流程进行了一些优化，员工也会主动使用 AI，但组织结构未根本改变；

第三种是"增强型"组织，这类组织将 AI 深度嵌入业务，甚至引发了组织架构的重组和升级，组织整体效能大幅提升。

只有企业进入第三种"增强型"模式时，才能真正实现 AI 对企业的战略级赋能。

2 你是否需要一名专职的"AI 官"？

很多企业在初步落地 AI 项目后，会面临一个重大疑问：要不要设立一个专职的 AI 负责人，也就是"首席 AI 官"（CAIO）？

这取决于企业规模和战略意图。如果企业规模较小、AI 项目数量不多，可以由业务负责人兼职负责 AI 项目。但如果企业有较大的规模和长期战略意图，设立专职 CAIO 官将可以实现以下目标。

- 统筹企业 AI 战略规划与执行；
- 促进跨部门 AI 项目协同；
- 有效管控 AI 风险和数据安全；
- 推动企业内部 AI 能力培训和文化建设。

3 AI 转型的核心：流程重塑与员工赋能

真正有效的 AI 转型，绝不仅仅是引进 AI 工具本身，更重要的是利用 AI 对企业的传统流程进行彻底重塑。

流程重塑是指将 AI 直接嵌入业务流程，思考如何用 AI 提升整体效能。比如在客户服务场景中，以前是以人工为主导的咨询，AI 前置后，员工只负责监督与异常处理。再如生产制造，以前依靠人工经验完成的工艺调整，现在则可以用 AI 进行实时监控和优化。

此时，企业必须开展员工赋能培训。这里的培训不是简单教会员工如何使用 AI 工具，更重要的是培养员工的 AI 思维。

- 如何用 AI 解决问题？
- 如何重新定义岗位职责？

○ 如何与 AI 协同工作？

4 防止 AI 项目推进中的"中层失效"

AI 在企业的项目推进过程中，最容易失败的地方并非基层执行力不足，而是中层管理者对 AI 的接受度和配合度不足，产生"中层失效"现象。

中层管理者往往最抵触 AI，因为他们担心 AI 会威胁自己的地位，增加工作复杂性，甚至带来失控风险。为防止这种情况出现，需要明确中层管理者在 AI 项目中的收益和责任，为中层管理者提供专门的 AI 培训和沟通渠道，将 AI 项目的成功与中层管理者的业绩考核挂钩。

5 组织结构调整：如何为 AI 让路？

企业在 AI 项目实施过程中，需要对组织结构进行调整以适应 AI 技术的发展和市场需求的变化。以下是为 AI 让路的四种方式。

扁平化结构：缩短决策路径，加速 AI 能力落地

扁平化结构是应对 AI 快速发展的关键策略之一。传统的层级式结构在 AI 环境下会显得僵化，决策路径长且效率低下。扁平化结构通过减少管理层级，简化信息传递流程，能够更快地响应市场变化，提升决策效率。例如，扁平化结构可以增强上下级间的协调能力，使企业能够更灵活地调配资源，迅速适应市场环境，还能减少决策风险，提高员工积极性和责任感。

跨部门的 AI 协作团队：快速迭代项目

AI 项目的实施往往涉及多个部门的协作，传统的部门壁垒会阻碍项目的

快速推进。因此，建立跨部门的 AI 协作团队是必要的。这种团队通常由来自不同部门的专业人员组成，能够共享知识和技能，促进项目的快速迭代和优化。例如，某企业设立了"AI 项目协调员"角色，该角色负责沟通和协调，确保各部门之间的高效协作，还可以通过召开定期研讨会和头脑风暴会议的形式来加速决策过程。

新设 AI 部门或智能中心：统一企业智能化推进路径

为了更好地推动 AI 技术的应用，企业可以设立专门的 AI 部门或智能中心，如 AI 卓越中心。这一部门可以集中包括人才、数据、工具和技术等资源，支持整个组织的 AI 应用。例如，AI 卓越中心可以负责 AI 项目的实施、监控和优化，确保 AI 技术的有效落地。还可以统一企业的智能化推进路径，避免重复建设导致资源浪费。

灵活的组织架构：适应快速变化的环境

AI 技术的快速发展要求企业具备灵活的组织架构。传统的集中式或分散式结构可能无法满足需求，因此企业需要构建更加灵活的组织模式。例如，去中心化的组织结构可以实现信息的快速流动，促进跨部门协作；网络化组织结构有助于企业内外资源的有效整合，降低运营成本，提高资源利用效率。

AI 对企业最大的意义不是引入一种先进工具，而是对企业组织自身进行深刻变革，这种变革关乎员工心态、组织结构、业务流程和企业文化。

企业要清晰地认识到，只有真正实现了"人与 AI"的融合，才算完成了真正的 AI 转型。下一步，我们将深入探讨如何使 AI 成为企业的核心竞争优势，打造持续演进的企业智能中台，以支撑企业的长期战略发展。

第八章 以DeepSeek为基座构建壁垒

1 AI 应用如何避免"昙花一现"？

很多企业在 AI 转型路上往往存在一种错觉，以为成功实施了一个 AI 项目或搭建了智能中台，就意味着企业已经完成了 AI 转型升级。然而真实情况并非如此。大模型时代的竞争，是一场长期的、不断迭代的马拉松，而非一场短暂的百米冲刺。

DeepSeek 或者其他 AI 模型，本身并不能为企业带来永久的竞争优势。真正的竞争优势在于企业如何优化 AI 能力，使其持续地与自身业务场景深度融合，最终实现商业价值变现。

2 持续优化企业 AI 能力

企业在构建起智能中台后，下一步的关键任务，就是要确保中台能力的持续优化。这需要企业关注以下三个方面。

▶ 数据飞轮（Data Flywheel）持续转动

企业持续收集、分析用户反馈与业务数据，用于不断优化 DeepSeek 模型，使模型与业务场景的贴合度不断提高。

▶ 持续微调与指令调优（Fine-tuning&Alignment）

随着企业信息的不断更新，DeepSeek 也需要周期性地进行微调和指令调优，使 AI 的理解力始终与现阶段的业务需求保持高度一致。

▶ 定期进行模型评估与迭代

每个季度或半年,企业应对 DeepSeek 模型进行系统评估与迭代,优化模型效果并确保其在竞争环境中保持领先。

比如,一家外贸公司最初通过 DeepSeek 快速落地智能客服系统。半年后,公司发现客户需求和市场环境变化迅速,于是持续利用客户反馈进行数据迭代,主动微调 DeepSeek 模型,实现了客户满意度连续三个季度上升,客户流失率明显降低,商业回报显著提高。

3　AI 商业变现中的三大误区

企业在尝试 AI 商业变现时,经常会掉入以下三个典型误区。

▶ 误区一:过度追求技术完美,从而延误商机

很多企业在模型优化上投入大量资源和精力,迟迟未将产品推向市场。建议快速推出产品,通过市场反馈进行快速优化。

▶ 误区二:忽视数据资产,导致变现困难

企业未能重视日常经营数据的沉淀,导致 AI 能力缺乏有效的数据支撑,变现举步维艰。因此,企业应从一开始就高度重视数据积累与标准化。

▶ 误区三:盲目模仿竞争对手

企业盲目模仿市场热点,却未深入考虑自身业务优势和资源禀赋,最终缺乏差异化竞争力。因此,企业应结合自身特色打造差异化的 AI 产品。

4　AI 商业变现效果衡量指标体系

企业在持续优化和商业变现过程中,必须建立明确、可量化的指标体系。

- 收入指标：AI 直接或间接带来的收入增长；
- 成本节约指标：AI 降低运营成本的具体百分比；
- 客户满意度指标：使用 AI 后客户满意度的提升程度；
- 市场占有率指标：AI 赋能后市场份额的变化情况；
- 创新业务收入比例：基于 AI 的新业务占公司整体收入比例。

通过清晰的数据化衡量标准，企业可以明确 AI 项目的实际效果，并及时调整和优化策略。

5 AI 赋能企业竞争力的长期价值

AI 赋能企业竞争力的长期价值，不仅体现在技术层面的革新，更在于其对企业战略、组织文化和运营模式的深刻影响。真正成功转型 AI 的企业并非一蹴而就，而是在从认知、项目落地、组织变革、智能中台建设到最终的 AI 变现过程中，构建起了一条完整且可持续的战略路径。

企业需要通过认知升级，深刻理解 AI 技术的发展趋势、应用场景及其行业价值。这不仅包括对 AI 技术本身的掌握，还涉及对 AI 如何改变业务模式和运营方式的全面洞察。例如，通过线下集中授课和案例实操，提升员工对 AI 的认知与应用能力，从而增强数字化竞争力。

AI 转型需要系统化的落地实施。企业应将 AI 与核心业务领域深度结合，避免仅将其视为追求短期效益的工具。在实践中，企业需要"动手"实践，避免隐藏陷阱，并在业务一线探索 AI 的实际价值。另外，AI 转型是一个循序渐进的过程，需要企业在软件开发、人员培训及变革管理等方面同步推进。

第三篇

模式篇

PART 3

当企业跨越技术落地的首道门槛后，更深层的困惑往往接踵而至：如何将 AI 能力转化为可持续的商业模式？如何在资本与技术共振的浪潮中找准生态位？面对硅谷巨头与本土新锐的双重夹击，差异化竞争的胜负手究竟何在？这种焦虑背后折射出一个残酷现实：技术红利窗口期转瞬即逝，若不能快速构建商业护城河，前期投入或将沦为"为他人作嫁衣裳"的沉没成本。本篇将穿透资本市场的喧嚣，揭示 AI 商业创新的底层逻辑。

第一章 资本透镜中的创新图谱

1 观察资本与技术共振下的产业演进

在全球科技变革的大潮中，资本的力量始终扮演着催化剂的角色。随着人工智能技术从实验室走向市场，资本与技术之间的共振关系也日益显现。近年来，资本市场对 AI 领域的狂热追逐不仅体现为资金投入规模的急剧膨胀，更彰显出对未来商业模式变革与产业重构的前瞻布局。正如清科集团创始人倪正东曾言："创投是高科技的引擎，是高科技的汽油。没有创投，中国的科技也会少了相应的动力。"所以，资本既是燃料，更是科技趋势的显示镜。

美国和中国这两个科技巨头阵营的融资案例便是这一现象的鲜明写照。美国投资者押注于"技术奇点"的突破，OpenAI 单轮百亿级的融资规模彰显着对底层创新的孤注一掷；中国资本则显示出"场景穿透"的鲜明特征，2024年国内 AI 大模型赛道项目中，月之暗面（84.5亿元）、智谱 AI（60亿元）、百川智能（50亿元）三家 AI 企业合计融资近 200亿元，资金聚焦多模态能力突破与垂直领域模型开发。DeepSeek、Kimi、百川智能等企业的成长轨迹，清晰勾勒出从技术攻坚到垂直场景渗透的资本路线图。这种差异化的投资哲学，正在塑造全球 AI 竞技场的多元格局。表 3-1 展示了部分全球头部 AI 公司的关键融资数据，不仅让我们直观地看到各企业的市场实力，也揭示了资本如何在全球范围内进行精准布局。

表 3-1　部分全球头部 AI 公司融资规模

公司	成立年份	国别	核心赛道	2024年估值	融资金额	投资方构成
OpenAI	2015	美国	基础大模型	1570亿美元	266亿美元	微软、红杉资本、Khosla Ventures
DeepSeek	2023	中国	行业大模型	未披露	/	幻方量化（其母公司）
CoreWeave	2017	美国	算力基础设施	200亿美元	120亿美元	英伟达、贝莱德、摩根士丹利
智谱 AI	2019	中国	认知智能平台	数百亿人民币	60亿元人民币	北京国管、中关村发展、腾讯投资
xAI	2023	美国	通用人工智能	440亿美元	83亿美元	马斯克、红杉资本、Valor Equity
月之暗面	2023	中国	通用大模型研发（如 Kimi）	25亿美元	10亿美元	红杉中国、小红书、阿里巴巴等
G42	2018	阿联酋	医疗与智慧城市 AI 解决方案	超100亿美元	15亿美元	微软战略投资
零一万物	2023	中国	企业级大模型 API 服务	35亿美元	5亿美元	美团战投、高瓴、红杉中国
阶跃星辰	2023	中国	模型训练优化与推理加速技术	/	数亿元人民币	上海国投、腾讯投资、五源资本、启明创投
百川智能	2023	中国	多模态大模型与行业解决方案	/	50亿元人民币	阿里云、小米、联想创投、中关村科学城等

注：基于 Crunchbase、彭博终端、Preqin、鲸准投融资数据整合

这些数据清晰展示了资本如何在全球范围内聚焦于 AI 领域。近几年全球范围内对 AI 企业的投资掀起新高潮是一个标志性的现象，预示着 AI 产业版图正在经历一场深刻的重构。根据 CB Insights 发布的《2025 年人工智能发展态势报告》，2024 年全球 AI 领域风险投资首次突破千亿美元大关，达到 1004 亿美元。2024 年第四季度更是见证了融资活动的井喷，融资额飙升至 438 亿美元，是上一季度的 2.5 倍之多。此番增长的核心动力源自生成式 AI 与基础

设施领域的巨额融资潮。这一数据印证了一个核心逻辑：AI 已经从技术探索期的"兴趣实验"，演变为商业竞争中的必争之地。

在这一波融资浪潮中，单笔融资额超过 1 亿美元的"天价融资"案例比比皆是，占比高达 69%。在这一系列的巨额融资事件中，OpenAI、xAI 和 Anthropic 等模型开发商尤为引人注目。英伟达、微软等科技巨擘亦通过战略投资深度介入这一领域，微软对 OpenAI 的持续注资便是明证。

值得注意的是，尽管美国的初创企业在全球 AI 融资中占据了高达 76% 的份额，进一步强化了其在技术生态中的领先地位，但其他国家亦在积极布局，力图在这一新兴领域分得一杯羹。中国、英国、加拿大等国均在 AI 领域展现出了强劲的发展势头，全球 AI 领域的竞争格局正逐步趋于多元化。

特别是中国，凭借其在大数据、应用场景以及政府支持等方面的独特优势，迅速崛起为全球 AI 领域的重要一极。中国的 AI 初创企业不仅在融资规模上屡创新高，更在技术创新和市场应用方面取得了显著进展。

整体来看，全球 AI 产业地域格局的核心分化呈现出"美国主导、中国追赶、欧洲差异化崛起"的态势。

美国凭借 76% 的融资额和 49% 的交易量稳居霸主地位，OpenAI、Anthropic、xAI 等公司在超大规模融资中斩获头部资源。

中国以阿里巴巴、字节跳动、腾讯等科技巨头的生态布局为支点，结合月之暗面、DeepSeek 等垂直领域独角兽的崛起，形成"双轨并进"的格局。

欧洲则以以色列、英国为核心，早期该领域交易占比达 81%，技术伦理与专业领域的突破（如自动驾驶公司 Wayve）成为其差异化标签。

随着全球 AI 技术的不断成熟和应用场景的持续拓展，AI 产业的边界也在不断延伸。从传统的科技巨头到新兴的初创企业，从基础的算法研发到高端的应用创新，AI 产业正以前所未有的速度重构着全球经济版图。在这一进程中，资本与技术的深度融合成为推动产业演进的关键力量。一方面，资本的涌入为 AI 技术的研发和应用提供了强有力的资金支持；另一方面，技术的不断创新也为资本带来了丰厚的回报，形成了良性循环。

这些新旧创业明星的发展，不仅标志着技术层面的飞跃，更深层次显示了创业明星正在对传统行业的分工架构与商业模式进行一场前所未有的深度变革，这种变革之深刻，触及行业本质。

2　中国 AI 市场的追赶与突破

在全球 AI 产业飞速发展的背景下，中国的 AI 市场正以前所未有的速度追赶并实现突破。丰富的全球数据资源、政府的大力扶持、互联网巨头的深度布局以及初创企业在应用场景上的灵活探索，为 AI 技术从研发到商业化提供了坚实支撑。近年来，随着资本不断涌入和技术不断突破，中国的 AI 市场不仅在规模和技术水平上实现了跨越式发展，更在商业模式和生态构建上逐步形成了独特优势，尤其在全球 AI 融资版图中表现亮眼——2024 年人工智能领域的投资金额超过 1000 亿元人民币，同比增长 35.5%。

从历史数据来看，中国 AI 企业在 2012—2025 年的融资持续增长（见图 3-1）。正是得益于这种鼓励创新的氛围，像 DeepSeek 这样的 AI 领域超级巨星才得以崛起。而 DeepSeek 的成功，不仅为 AI 行业的发展树立了标杆，也为全球投资者带来了丰厚的回报，进一步激发了资本对 AI 领域的投资热情。另一方面，战略级融资频繁落地，大模型赛道呈现明显的马太效应，MiniMax、智谱 AI、百川智能等头部企业相继完成单轮均超过 50 亿元的融资。资本市场对具备底层技术突破能力的平台型企业展现出前所未有的热情。

机构布局策略也在升级，红杉中国、高瓴创投等头部机构快速深化 AI 产业布局。值得注意的是，企业创投（CVC）例如阿里巴巴、腾讯、字节跳动等大型互联网公司参与度同比提升，产业资本与财务投资者的协同效应日益明显。

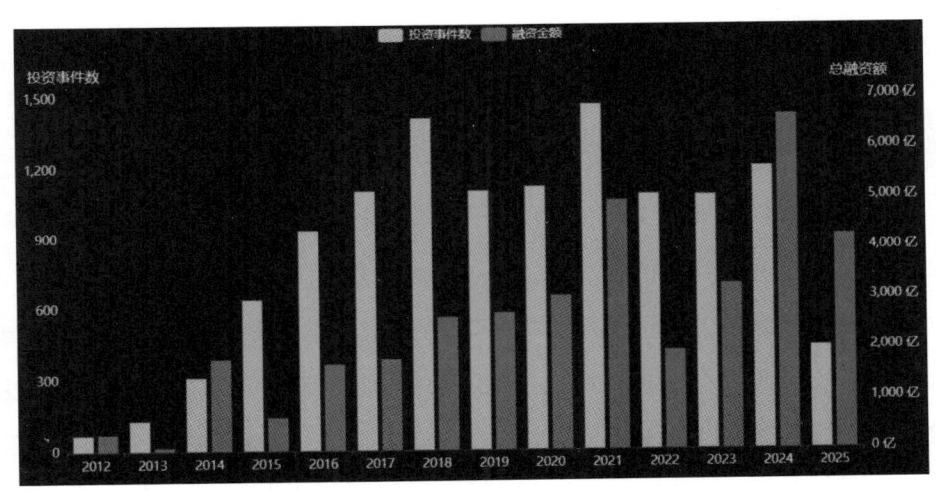

图 3-1　中国 AI 企业 2012—2025 年融资情况
（来源：IT 桔子）

研究显示，中国 AI 资本市场的结构性特征如下。

投早投小： 根据清科研究中心的数据，2019 年至 2021 年，人工智能领域的融资活动从 970 起激增至 1485 起，涉及资金总额超过 1800 亿元人民币。2024 年天使轮至 A 轮的早期融资事件占总投融资案例的比例最大，超过数百家初创企业获得资本加持。值得关注的是，成立三年内的新兴企业融资占比超过一半，其中成立不足一年的企业占比超过四分之一，反映出资本方对技术迭代窗口期的敏锐把握。早期对初创企业的投资支持，为近年来在大型模型技术日益成熟的情况下 AI 领域新模式和新应用的快速涌现提供了动力，进而增强了相关企业的资金吸引力。

巨头卡位： 阿里巴巴以通义千问大模型 + 阿里云捆绑销售，形成"云资源换模型落地"的闭环；字节跳动依托抖音生态数据训练垂直模型，在广告推荐、内容审核场景实现边际成本下降 40%。

政府引导： 2025 年初，杭州城投与上城资本进一步加强 AI 布局，对智谱 AI 完成了 10 亿元的战略投资，标志着地方国资开始深度介入大模型竞争。

3　AI 项目的资本视角与甄选逻辑

资本市场作为推动技术创新和企业成长的重要力量，一直在 AI 领域扮演着举足轻重的角色。进入新时代以来，各大风险投资机构纷纷加码 AI 项目，力图在这片充满潜力的新蓝海中寻找未来的独角兽。资本热潮背后的 AI 创新动力是什么？我们将从资本视角出发，探讨当前 AI 创业项目的甄选逻辑和投资标准。资本之所以青睐 AI，主要有以下几个原因（见表 3-2）。

表 3-2　资本看重的 AI 项目核心要素

核心要素	说　明
技术实力	核心算法、模型的领先性与应用落地能力
市场前景	针对行业痛点的解决方案及广阔的市场应用场景
团队构成	创始人背景、核心团队的执行力及行业经验
盈利模式	产品商业化路径、收入模型及未来盈利的可持续性
风险控制	数据安全、技术更新、市场竞争与政策合规等方面的应对策略

技术突破与商业价值释放

随着深度学习、大数据和计算能力的飞速发展，AI 技术已经从实验室走向实际应用。无论是智能客服、文案生成，还是视频制作、3D 建模，技术创新正不断催生出巨大的商业价值。资本投资者敏锐捕捉到这一趋势，纷纷将目光转向具备颠覆性应用前景的创业项目。

市场需求与数据红利

随着企业数字化转型的深入推进，各行业对智能化解决方案的需求日益增加。大规模的数据积累和不断优化的算法，为 AI 产品提供了坚实的基础，使得市场对 AI 解决方案的接受度不断提高。投资者通过注资优质项目，不仅可以享受到市场红利，还能通过推动技术落地获得长期收益。

风险分散与平台经济

借助开放平台和标准化 API 接口，创业团队可以在较低投入的情况下快速实现产品验证和市场推广。资本投资者看重的是这种"轻资产、快迭代"的运营模式，它不仅降低了创业风险，也便于投资组合的多样化配置，从而实现风险分散与收益最大化。

在这些投资机构看来，AI 项目的优劣不仅在于技术本身的革新，更在于其能否在竞争激烈的市场中建立起独特的壁垒与持续盈利的商业模式。正因如此，资本在筛选过程中往往会着重考察项目是否具备从研发到落地、从用户增长到盈利各环节的协同能力。

总的来说，资本视角下的 AI 创业项目不仅反映出当前技术进步带来的巨大市场潜力，也展示了风险投资如何在全球范围内通过严密的筛选逻辑，发现并培育那些具备颠覆性应用前景的项目。对于企业管理者、创业者以及相关从业者来说，理解这些资本运作的内在逻辑，有助于在未来的创业实践中更好地制订战略规划，优化资源配置，并抢占市场先机。

在全球 AI 创业浪潮的推动下，我们不仅可以看到技术的不断进步，更能感受到资本、孵化器与市场三者之间形成的强大协同效应。这种协同不仅为技术创新提供了坚实的支撑，也为整个行业构建了一个健康、可持续发展的生态系统。未来，随着 AI 技术的不断普及和应用场景的不断丰富，这一生态系统必将为各类企业提供更多机会，也将推动整个行业迈向更加开放、合作与共赢的新阶段。

4 AI 公司的商业模式与问题

在资本热潮与技术创新交织的时代，每一家 AI 企业都必须思考：如何将技术优势转化为实际商业价值？在美国，OpenAI、Anthropic 等企业不断刷新估值，试图以技术领先来抢占市场，但同时也面临着团队变动和盈利压力等问题；而在中国，DeepSeek 和智谱 AI 则以"行业大模型＋场景落地"的模式逐步迈向商业成功。

在 AI 技术演进过程中，产业层级可分为四个递进阶段：0 阶（算力基座层）聚焦芯片、云计算等底层基础设施；1 阶（基础模型层）构建通用大模型技术底座；2 阶（行业模型层）针对垂直行业领域例如金融、医疗等进行专业化调优；3 阶（场景应用层）将 AI 能力嵌入具体业务流程形成终端产品。在美国的风险投资中，大部分的资金流向了 0—1 阶；而在中国，投资更加倾向在 2—3 阶的行业应用与场景层。直到美国 ChatGPT 出现后，国内投资才逐渐开始流向 1 阶的基础模型层。

这种资金分布的不同，既反映了市场对技术风险的不同看法，也决定了未来产业竞争的重点方向。

这就意味着，在 AI 基础设施上，资本将更青睐于那些能形成"赢者通吃"效应的头部企业；而在应用层，商业化速度和产品市场契合度将成为企业能否脱颖而出的关键，"70% 的估值来自商业化速度"这一铁律依然有效。其带来的直接影响是资本配置的两极化——头部 10% 的企业获得 85% 以上的资金，初创团队若不能在 12 个月内验证 PMF，将极易被资本淘汰，迅速被踢出牌桌。

以英伟达为例，其市值从 1996 年的 600 万美元一路飙升到 2024 年的 3.8 万亿美元，在全球 GDP 排名中位居第四位；而在 2024 年初，这个名次还在 10 名以外。这不仅证明了技术优势的极致变现，更展示了其不断进化的商业模式。

这样的高价值成长速度背后，是英伟达商业模式的三次关键转型。

▶ 游戏市场客制化（2006—2016 年）

以 CUDA 架构开启 GPU 通用计算，但过度依赖周期性明显的消费电子市场。

▶ 区块链赋能（2017—2021 年）

通过矿机芯片获得第二增长曲线，2021 年区块链相关收入占总收入的 34%。

▶ AI 大模型基建闭环（2022 年至今）

构建"芯片（H100/H200）+ 算力云（DGX Cloud）+ 开发平台（Omniverse）"三位一体生态，将毛利率从 54% 提升至 72%（根据 2024 年第 3 季度财报）。

目前，全球每 1 美元的 AI 投资中，就有 0.36 美元流入英伟达的生态系统（摩根士丹利测算）。这种近乎"技术税"的商业模式，正在倒逼中国企业加速构建自主可控的技术谱系。

在中国，资本对人工智能的追捧和估值也在持续上升。如杭州市政府投资的智谱 AI，已经成功完成了十余轮的融资（见表 3-3），其估值预计将达到数百亿元。尽管如此，该公司仍在持续加大研发投入，并且将在未来的基座模型模式中面临着巨大的竞争压力：如何实现商业化，满足充分市场化下的用户需求？是应该优先发展面向企业级的服务产品，还是面向消费个人端的产品服务？能否快速找到产品市场契合点？这些问题都需要公司在未来不断探索。

表 3-3 智谱 AI 的融资历史

序号	交易轮次	交易时间	交易金额	投资方
10	战略投资	2025-3-19	CNY3 亿	成都高新区产业发展基金
9	E 轮及以后	2025-3-3	CNY10 亿	杭州城投、上城资本
8	D 轮	2024-12-30	–	北京尚融资本、中关村科学城、北商资本
7	战略投资	2024-11-1	CNY30 亿	北京中关村科学城、腾讯投资、顺为资本、君联资本、顺禧基金、Boss 直聘、红杉中国、高瓴创投、云晖资本、信科资本、招商局创投、联融志道、上海飞玡科技、视觉中国
6	C 轮	2024-6-1	USD 4 亿	Prosperity7 Ventures、顺禧基金、光速光合
5	B+ 轮	2023-10-20	CNY12 亿	腾讯投资、阿里巴巴、高瓴资本、金山软件、小米、顺为资本、Boss 直聘、好未来、红杉中国、君联资本
4	B+ 轮	2023-7-21	CNY1 亿	–
3	B+ 轮	2023-7-19	–	美团
2	B 轮	2022-9-26	CNY1 亿及以上	君联资本、启明创投
1	A 轮	2021-9-14	CNY1 亿及以上	达晨财智、华控基金、将门创投、图灵创投、北京达凡、通智投资、枣庄通智、荣品投资、凌云光

智谱 AI 的发展路径反映了当前 AI 行业的一个普遍现象：在资本追捧下，企业估值飙升，但同时也面临着如何有效将技术优势转化为商业价值的挑战。特别是在基座模型竞争日益激烈的背景下，如何在保持技术创新的同时，又能精准定位市场需求，成为摆在众多 AI 企业面前的一道难题。

快速找到产品市场契合点并非易事。智谱 AI 需要通过不断进行市场测试和收集用户反馈，来优化产品功能和用户体验，以确保其产品和服务能够真正满足市场需求。另外，如何在保持技术领先的同时，又能有效控制成本，提高运营效率，也是智谱 AI 在未来发展中需要重点关注的问题。

可以说，AI 项目的融资成功为智谱 AI 未来的发展奠定了坚实的基础，但同时也为其带来了新的挑战。如何在基座模型竞争中脱颖而出，实现商业化突破，将成为智谱 AI 等一系列公司需要不断探索和实践的课题。

第二章 梳理全球主要的 AI 商业模式

"设计即分类",这是微信之父张小龙在 2012 年腾讯内部演讲中提出的,同样适合 AI 的商业模式设计。

1 "分类"在商业模式设计中的核心地位

分类的本质是对复杂系统的结构化认知。在互联网经济早期,创业者常用"线上/线下""面向企业(2B)/面向消费者(2C)"这类二元分类来构建商业模型。随着产业数字化的深入,商业模式的分类也更加多元,美团的王兴将分类思维推向新高度:他创建的"四纵三横"理论,精准预判了移动互联网时代生活服务平台的爆发趋势:"四纵"即娱乐、信息、通信和商务,代表着互联网用户需求的基本方向;"三横"分别是搜索、社交和移动,代表着技术变革的方向。这种结构化思维不仅解释了美团连续跨越社交网络、本地生活、即时零售等多个赛道的底层逻辑,更揭示了商业创新的核心法则——在正确的分类框架下,每个交叉点都是机会的诞生地。

同样,小米在硬件、软件与互联网服务三位一体的思路下,构建了产品、渠道、用户社群多层面的交互结构,从而打破了传统硬件厂商单纯依赖硬件利润的商业模式。可见,正确的分类框架能帮助企业在激烈的市场中找到新的突破口。

在 AI 时代,"设计即分类"的理念越发重要。企业不仅要根据人群、产业链、载体、产品与能力等维度进行差异化思考,还要结合 AI 技术的发展路径和落地场景选择合适的商业模式。

2 差异化分类的五大维度

人群差异化

00后、90后、80后、70后……不同年龄段的用户需求和消费习惯差异巨大。企业需要明确，谁是核心用户？他们最关心什么？从而精准定位用户群体，结合AI技术进行画像和产品推荐。例如，00后对游戏化社交、二次元内容有更高兴趣；80后、70后可能更加关注理财、医疗健康等领域。

载体差异化

像基础设施即服务（IaaS）、平台即服务（PaaS）、SaaS等不同形态，如何向用户或企业提供服务，如何与上下游生态进行对接？

企业应根据自身优势，选择合适的载体切入。例如，一家初创公司如果缺乏基础设施能力，可以优先考虑SaaS形态；如果具备云计算资源或AI算力，可进一步延伸到PaaS甚至IaaS层。

产业链差异化

对于B2B、B2C、C2B、C2C企业，它们的产业链上游或下游的需求如何？该如何构建新的供需关系？

企业应深入了解各环节价值分布，通过AI赋能供应链或渠道管理，从而提高效率、降低成本或创造新的增值服务。例如，利用AI实现库存预测和智能调度，以在B2B端形成差异化竞争力。

产品差异化

在品牌、定价、功能和用户体验等方面，产品能否满足用户的核心需求？如何通过 AI 提升产品的智能化程度？

企业应结合大模型、机器学习、深度学习等技术，为产品注入个性化与智能化功能，进而提升用户黏性与溢价空间。例如，智能客服、智能推荐、个性化定制等都能帮助企业形成产品层面的独特竞争优势。

能力差异化

在研发、供应链、市场营销、数据分析等岗位，公司有哪些核心能力？这些能力如何与 AI 时代的需求相匹配？

企业应通过内部数字化转型或外部合作，引入算法、数据、算力等资源，为核心能力"加杠杆"。如特斯拉在自动驾驶算法和芯片研发上建立了强大的壁垒，小米则在供应链管理和产品迭代速度方面形成独特优势。

这五个维度相辅相成，可以帮助我们在宏观层面理解一家企业的商业模式是如何"搭建"起来的。事实上，当我们把"人群—载体—产业链—产品—能力"这五个维度按照不同的优先级进行排列组合，就能勾勒出一个相对完整的商业模式雏形（见图 3-2）。

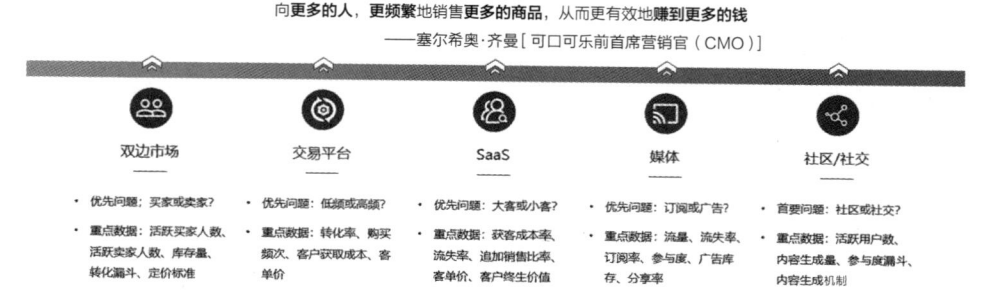

商业模式
向**更多的人**，**更频繁**地销售**更多的商品**，从而更有效地**赚到更多的钱**
——塞尔希奥·齐曼 [可口可乐前首席营销官（CMO）]

双边市场	交易平台	SaaS	媒体	社区/社交
优先问题：买家或卖家？	优先问题：低频或高频？	优先问题：大客或小客？	优先问题：订阅或广告？	首要问题：社区或社交？
重点数据：活跃买家人数、活跃卖家人数、库存量、转化漏斗、定价标准	重点数据：转化率、购买频次、客户获取成本、客单价	重点数据：获客成本率、流失率、追加销售比率、客单价、客户终生价值	重点数据：流量、流失率、订阅率、参与度、广告库存、分享率	重点数据：活跃用户数、内容生成量、参与度漏斗、内容生成机制

图 3-2　商业模式的分类框架

3 商业模式的主要类型

双边市场

典型代表：Uber、Airbnb、阿里巴巴（早期的电商平台）

- 核心逻辑：连接两端（供给和需求），通过撮合交易收取服务费或佣金。
- AI 赋能点：利用算法进行供需匹配、价格预测、信用体系评估，显著提高撮合效率。
- 适用场景：有大量分散供给和需求的行业，如出行、房屋短租、B2B 交易等。

交易平台

典型代表：淘宝、eBay、京东（部分业务）

- 核心逻辑：提供线上交易场所，涵盖支付、物流、客服等服务，主要通过佣金、广告、增值服务等盈利。
- AI 赋能点：智能推荐、广告精准投放、客服自动化、仓储及物流调度等。
- 适用场景：在线零售、二手交易、跨境电商等。

SaaS

典型代表：Salesforce、Zoom、Slack、国内的新兴企业服务平台

- 核心逻辑：以订阅形式提供云端软件服务，通过规模化的部署和更新迭代，降低 IT 运营成本。
- AI 赋能点：基于大数据的预测性分析、智能客服、自动化流程，帮助

客户优化业务决策。

- 适用场景：客户关系管理（CRM）、企业资源规划（ERP）、协同办公、人力资源管理等。

媒体

典型代表：谷歌（Google）、脸书（Facebook）、字节跳动（抖音/今日头条）

- 核心逻辑：以内容或搜索服务聚合海量用户，依赖广告、增值服务等实现盈利。
- AI 赋能点：推荐算法、智能创作工具、舆情监控与内容审核。
- 适用场景：资讯、视频、社交、搜索、娱乐等。

社群/社区

典型代表：微信（部分功能）、Reddit、Discord 等

- 核心逻辑：以互动和社交为核心价值，用户自行产生和分享内容，平台主要通过增值服务或生态化运营获利。
- AI 赋能点：社群管理自动化、内容推荐、智能客服机器人、话题情感分析等。
- 适用场景：兴趣社群、垂直社区、企业内部社群等。

从上述分类不难看出，互联网早期依赖用户规模和流量红利的模式，在 AI 时代依然有借鉴意义。AI 技术的加入使得各类平台能够进一步挖掘用户需求，实现更加精准的供需匹配与个性化服务。

4 从互联网到 AI：商业模式的进化

回顾过去十几年互联网的发展，许多企业在不同阶段采用了差异化的商业模式，借助资本的力量和技术的迭代迅速崛起。如今，随着 AI 和 DeepSeek 等技术的蓬勃发展，新一轮的商业模式创新正在加速涌现。

小米：硬件 + 软件 + 互联网服务"三位一体"

小米最初以具有极致性价比的智能手机切入市场，迅速积累了大量年轻消费群体。在硬件端，小米凭借高效的供应链整合与预判能力，利用互联网思维快速迭代产品；在软件端，小米建立了 MIUI 操作系统，与用户保持紧密交互，收集大量使用反馈进行优化；在互联网服务端，小米不断拓展应用商店、云服务、内容平台等业务，通过广告和增值服务实现营收。这种"三位一体"的商业模式（见图3-3）之所以成功，离不开对人群差异化的精准定位（主要面向价格敏感、乐于尝试新科技的年轻用户），以及对载体差异化（硬件、操作系统、互联网服务）的灵活运用。

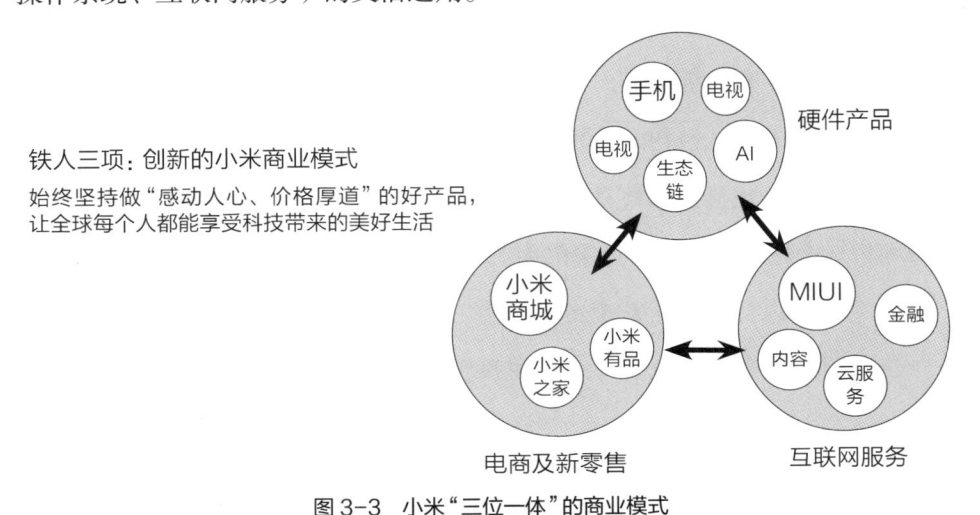

铁人三项：创新的小米商业模式
始终坚持做"感动人心、价格厚道"的好产品，让全球每个人都能享受科技带来的美好生活

图 3-3　小米"三位一体"的商业模式
（来自小米发布会）

特斯拉：硬件产品的生态化与 AI 的赋能

特斯拉的商业模式颠覆了传统汽车行业，其核心在于产品、能力、产业链和 AI 赋能的差异化。特斯拉将电动车打造为高性能、高科技的智能汽车，吸引了对环保和科技感兴趣的用户群体。在自动驾驶芯片和算法研发上，特斯拉投入巨大，形成了技术壁垒。在产业链上也进行了差异化布局，上游布局电池工厂和供应链，确保产能和质量可控；下游则通过直营模式控制销售渠道和服务体系。利用车载传感器和自动驾驶算法积累大量行驶数据，构建深度学习模型，持续迭代自动驾驶功能，形成了难以复制的数据壁垒。

在特斯拉的商业逻辑中，"硬件—软件—数据—服务"的"四位一体"的结构正是分类思维在新能源和智能汽车领域的应用成果。它既是一家汽车公司，也是一家 AI 公司，通过数据的不断沉淀与算法的持续优化，特斯拉在全球汽车行业形成了极具竞争力的商业模式。

互联网公司：广告、电商、金融、游戏的多重演化

以阿里巴巴、腾讯、百度、字节跳动等为代表的互联网巨头，其商业模式在过去十几年里不断演化。

- 阿里巴巴：从最初的 B2B 平台，到淘宝、天猫等 C2C、B2C 电商，再到蚂蚁金服的金融科技和菜鸟网络的物流服务，阿里巴巴逐步构建出了一个横跨零售、金融、物流、云计算的生态体系。
- 腾讯：以社交和游戏业务为起点，延伸到数字内容、金融支付、云服务、企业服务等多个领域，通过持续投资与开放平台策略，不断壮大自己的生态。
- 百度：起家于搜索引擎，通过广告营收模式发展壮大。近些年在 AI 领

域发力，推出无人驾驶、智能云、语音交互等多条业务线，试图在"AI+产业"中找到新的增长点。

○ 字节跳动：通过智能推荐算法和短视频模式迅速崛起，旗下抖音、今日头条等平台以信息流广告为主要营收来源，逐渐切入电商、游戏、教育等新领域，试图构建内容与交易深度结合的闭环。

这些巨头的共同特点是：在商业模式演化的每个关键节点，都能够灵活运用差异化分类思维，抓住新兴人群或新技术载体带来的机遇，不断地开发和迭代新的业务组合，最终形成平台型的商业模式。

第三章 AI 时代的商业模式新机遇

随着 DeepSeek 等新一代大模型技术的兴起，AI 的算力和算法能力也大幅提升。各行各业都在尝试用 AI 重塑自身的商业模式。对于中小企业主或高管而言，如何利用差异化思维和分类方法论去设计或升级业务模式，已成为当务之急。

1 AI 商业模式的核心驱动要素

○ 数据：数据是 AI 时代最重要的"燃料"。拥有高质量、多样化的数据源就意味着在建模和算法训练上更具优势。

○ 算法：从机器学习到深度学习，再到大模型，算法的迭代速度极快。谁能率先掌握或应用最新的算法，谁就能抢占市场先机。

○ 算力：云计算与 GPU、TPU 等硬件的不断升级，为大规模模型训练和推理提供了可能。

○ 场景：技术只有落地到具体场景才能创造实际价值。AI 场景涵盖金融风控、医疗影像、智能客服、自动驾驶、工业制造等方方面面。

在这四个要素的推动下，各类商业模式也呈现出多元化的趋势：从提供基础算法或算力的 AI 平台型企业，到深耕垂直场景的行业解决方案公司，再到融合 AI 技术转型的传统企业，生态链条日益丰富。

2　中小企业的切入策略

很多中小企业主或高管对 AI 的认知仍停留在"技术门槛高、投入成本大"的层面，但事实上，AI 技术在云服务和开源社区的推动下，早已变得更加"平民化"。使用好 AI，关键在于如何选择合适的方向与模式。

- 聚焦核心人群：通过 AI 进行用户画像和需求分析，精准锁定对产品或服务最有需求的客户群体。
- 灵活选择载体：若自身缺乏技术储备，可与第三方 AI 平台或云服务合作，优先以 SaaS 形态切入；若具备一定的技术团队，可尝试 PaaS 层定制化开发。
- 借力产业链生态：中小企业往往在产业链中处于细分环节，可以通过 AI 提升某个环节的效率或价值，并与上下游伙伴形成互补关系。
- 产品创新与品牌打造：AI 可以为产品注入智能化功能，使之更容易在同类竞品中脱颖而出，同时利用数字化营销提升品牌知名度。
- 能力构建：从市场、研发、供应链、客服等内部环节出发，先用 AI 优化自身的流程和效率，再对外输出解决方案或服务，形成新的营收来源。

回顾互联网时代的成功企业，小米、特斯拉、阿里巴巴、腾讯、百度、字节跳动等，皆是在正确的分类框架下不断试验、迭代与进化，最终建立起强大的平台型商业模式。对于中小企业主或高管而言，AI 并非高不可攀的技术壁垒，而是一个新的工具与机遇。借助云计算、第三方服务与合作伙伴，企业可以相对低成本地接入 AI 能力，并在细分市场上打造独特的价值主张。

在这个过程中，我们需要关注以下五点。

- 思维升级：用结构化的分类思维去梳理商业模式，而非盲目追随风口。
- 技术赋能：充分利用现有 AI 工具和平台，从最能解决痛点的环节切入，逐步扩展。

- 数据驱动：重视数据的采集、治理与分析，为 AI 算法提供高质量的燃料。
- 生态合作：通过与上下游或跨行业的企业合作，共建产业生态，实现资源互补。
- 迭代创新：商业模式设计是一场"长跑"，需要持续适应技术与市场变化，快速迭代与试错。

随着大模型认知和生成能力的继续提升，我们有理由相信会出现更多创新的商业模式形态，甚至超越我们今天所能想象的边界。企业唯有在分类思维的指引下，不断试验和演进，才能在 AI 时代立于不败之地。

3 全球主流 AI 商业模式的五大类型

通过分析全球头部企业的战略布局可以发现，五大类型的商业模式正在形成新的价值坐标系，分别为巨头生态型、硬件主导型、模型服务型、原生创业型和行业与垂直场景型。不同模式在技术路径、价值定位与盈利设计上都有显著差异，共同构成现代 AI 产业的战略坐标系（见表 3-4）。

表 3-4　主流 AI 商业模式的五大类型

模式类型	核心特征	代表企业	商业壁垒
巨头生态型	基础设施 + 应用层	微软、Meta、阿里巴巴、字节跳动等	生态协同效应
硬件主导型	算力集群 + 开发者生态	AWS、英伟达、华为	规模经济效应
模型服务型	大模型 +API 经济	OpenAI、DeepSeek	技术代际差
原生创业型	模型生态 + 应用	Character、Manus、Cursor	产品先发优势
行业与垂直场景型	行业数据 + 工作流整合	Waymo、Tractable	理解深度场景

巨头生态型的"全栈渗透"

代表企业：微软、Meta、阿里巴巴、字节跳动

巨头生态型企业的核心战略在于构建从底层算力到上层应用的全栈控制能力。微软 Azure AI 的演进路径最具典型性：依托全球数据中心和自研 Athena AI 芯片，将 AI 能力深度嵌入企业工作流，形成竞争壁垒。据统计，Microsoft 365 的大部分用户已经激活了 Copilot 功能。

微软以自身产品搭载 GPT-4 智能助手的方式迅速提升了收益，其收益模式呈现三级结构（见表 3-5）。

表 3-5　微软 AI 商业模型收益模式

收入层级	产品形态	定价策略
基础层	Azure AI 算力	按 vCPU 小时计费
能力层	AI 模型 API	GPT-4 按照 token 收费
应用层	office 365 等	按用户数订阅收费

硬件主导型的"垄断溢价"

代表企业：AWS、英伟达、华为

算力供给端的商业模式创新正在重塑行业游戏规则。当全球 AI 企业为算力争抢 GPU 时，英伟达的商业模式早已超越传统半导体公司的"硬件销售"框架。财报数据显示，2024 年其数据中心业务收入占比达 78%，其中 Blackwell 架构 GPU 的毛利率高达 75%。更关键的是，通过与云厂商联合搭建 NVIDIA AI Enterprise 软件生态，英伟达正在建立"芯片—平台—开发者社区"的垂直控制体系。这种从卖铲子到掌控掘金规则的进化，使其市值在 2024 年末突破 4 万亿美元。

英伟达通过 CUDA 生态构建的技术护城河,在生成式 AI 浪潮中展现出惊人的定价权。其 H100 芯片的服务器租赁价格高达 4.1 万美元/月,但支撑其商业地位的不仅是硬件性能,更是与开发者工具链的深度绑定。

- **软件价值占比**:客户购买 H100 芯片的支出中,有 37% 用于 CUDA 软件授权与优化服务。
- **用户锁定机制**:超过 80% 的机器学习框架依赖 CUDA,迁移至其他架构需重构 30% 以上代码,成本非常高。
- **动态定价策略**:根据客户算力利用率进行阶梯折扣定价,峰值时段溢价可达基准价 3 倍。

模型服务型,技术代际差的变现密码

代表企业:OpenAI、DeepSeek

大模型服务商的商业逻辑建立在技术代际差创造的窗口期内,当前大模型领域的商业化正呈现两极分化。

- OpenAI 的 GPT-4 Turbo 模型定价政策经过多次迭代验证,其最新的定价体系呈现显著差异化特征。在基础模型层,领跑者们面临盈利与技术伦理的压力。OpenAI 通过"订阅+API 调用+企业定制"组合拳,在 2024 年获得 66 亿美元融资(估值 1570 亿美元),但其团队有所动荡(核心成员从初始 11 人减至 2 人)。
- 中国 DeepSeek 用开源路线对抗闭源霸权,采取的渐进式渗透策略更具侵略性。其开源的 R1 模型在 GitHub 获得 5.7 万星标后,通过模型压缩技术与成本优化,将千亿参数模型推理成本降至行业的 1/10。据互联网数据中心(IDC)数据,其开发者社区 GroqCloud 已吸引 40 万开发者,这种"技术

开放换生态影响力"的策略，正挑战着传统大模型的盈利范式。

原生创业型：原生 AI（AI Native）下敏捷创新者的生存法则

代表企业：Character、Manus、Cursor

在 AI 产业的价值重构中，原生创业创新型企业如同手术刀般精准切入市场缝隙，以"技术杠杆＋场景洞察"的方式重塑商业规则。这类企业往往成长于巨头生态型企业的夹缝中，凭借对人性需求的深度解构和技术阈值的精准把控，开辟出全新的价值领地。这类企业不再遵循传统创业的线性增长逻辑，而是通过 AI Native 架构，将技术深度融入产品基因，创造出"小团队撬动大市场"的颠覆性范式。

AI Native 的本质为技术即商业模式，其与传统"AI+"的本质差异在于：前者是 AI 技术驱动的原生商业形态，后者是对既有业务的智能化改造，核心在于构建"数据—算法—场景"的增强回路——AI 不是工具，而是商业模式本身。所以创业公司将竞争优势集中于细分场景的快速产品化能力。例如 Monica 的智能写作助手通过深度集成 85 个内容平台开放接口，实现了跨平台的创作协同。

而 Character.AI 重新定义了人机交互的边界，这家成立于 2021 年的公司，其生产的个性化对话机器人不仅满足了用户对高质量内容的需求，还创造出全新的社交体验。据统计，该平台在两年内吸引了 1.2 亿用户，日均使用时长达到 43 分钟。其商业模式包含三层设计。

免费增值＋订阅制：基础功能免费，"人格定制"服务收费。

情感投资溢价：用户支付的不仅是技术服务费，更是情感补偿费。

数据飞轮构建：每天产生的 2800 万条对话数据，持续优化 AI 的情感拟真度。当 Z 世代将 30% 的社交需求转移至虚拟伴侣时，这种"技术赋能情感缺位"的商业模式正在重构社交产业的估值体系。

同样在 AI 编程场景的刺客型项目 Cursor，解构巨头生态型企业的"边缘需求"，通过代码编辑器避开与 GitHub Copilot（微软与 OpenAI 共同推出的 AI 编程工具）的正面竞争，通过"AI 代码补全 + 快捷键操作"组合，21 个月 ARR（年度经常性收入）突破 1 亿美元。

行业与垂直场景型：特定数据和行业流程的价值链

代表企业：Waymo、Tractable

在全球人工智能产业竞争加剧的背景下，越来越多的企业开始从通用技术型转向行业与垂直场景型解决方案，即不仅仅是对某一技术的应用，而是以深度理解特定行业需求为前提，通过对行业流程、数据特点和用户行为的精准把控，定制出能解决实际痛点的解决方案。这种模式的核心在于：深耕细分市场，利用技术优势与行业经验构建起专属的竞争壁垒，实现从单一产品到全产业链的跨越。

从整体上看，行业与垂直场景型商业模式是通过定制化服务，将 AI 技术与行业深度融合，推动传统行业数字化转型。传统企业在向数字化转型过程中往往面临数据孤岛、业务流程复杂等难题，而专注于垂直领域的 AI 解决方案正好针对这些问题量身打造解决方案。例如，在制造业中，预测性维护和智能质量检测的落地应用，使得企业不仅能大幅减少设备停机时间，还能通过数据反馈不断优化生产工艺。

定制化解决方案的另一大特点在于精准对接行业场景需求，这种模式不仅强调技术能力，更重视对行业规则和流程的深刻理解。以自动驾驶领域为例，Waymo 作为全球自动驾驶的先行者，不仅依靠海量数据和先进算法实现了车辆的自主决策，更通过与传统汽车制造商和交通管理部门紧密合作，建立起完善的场景测试和商业落地机制。据 Waymo 官方公布的数据，其自动驾驶服务在部分试点城市的行驶里程已突破 2000 万英里，事故率比人类驾驶低 80%。这表明，通过垂直整合，技术不仅能够实现突破，更能迅速转化为市场竞争力。

在金融领域，垂直场景型解决方案也在迅速崛起。以 Tractable 为例，这家总部位于英国的 AI 企业专注于保险理赔和风险评估，其基于图像识别技术的事故损失评估系统已被多家全球知名保险公司采用。Tractable 的系统可以在几分钟内完成车辆损伤评估，大幅缩短理赔流程，并降低因人工评估带来的误差。根据《彭博商业周刊》的报道，Tractable 帮助一家大型保险公司将理赔处理时间大幅缩短，同时提高了客户满意度。这种针对特定场景的技术应用，不仅解决了行业痛点，还为企业创造了明显的成本优势和市场竞争力。

医疗健康行业也是垂直场景型解决方案的重要战场。过去，医学影像分析主要依赖专业医师判断，存在主观性较强、效率低下的问题。近年来，随着深度学习技术的发展，许多 AI 企业开始致力于构建针对医学影像的精准识别系统。例如，以色列的 Zebra Medical Vision 公司通过构建海量医学影像数据库和训练模型，成功实现对乳腺癌、肺结节等疾病的自动筛查。据《自然》(*Nature*) 期刊报道，该系统在乳腺癌早期检测中的敏感性达到 92%，远高于传统方法。这类垂直场景型应用不仅提高了诊断效率，还为医院降低了运营成本，并为患者提供了更及时的治疗方案。

技术创新与垂直场景的融合，带来的不仅是单一技术应用的改进，而且是整个产业生态的重构。开放平台和跨界合作在这一过程中扮演着关键角色。

许多企业通过与行业内外合作伙伴建立战略联盟，共享数据、技术和资源，从而形成一个互补、共生的生态圈。例如，在智能制造领域，不仅有设备制造商、软件服务商和数据提供商的协同合作，还有高校和研究机构的深度参与，以共同推动技术标准和应用规范的制定。这种跨界合作，不仅提升了整个产业链的竞争力，也为企业提供了更广阔的发展空间和更稳定的收益来源。

从长远来看，行业与垂直场景型商业模式的成功，关键在于能否实现技术与行业需求的深度匹配。企业必须在精准把握行业痛点的同时，利用技术创新不断优化产品和服务。只有这样，才能在激烈的市场竞争中立于不败之地。资本市场也越来越看重那些能够在特定垂直领域形成显著壁垒的企业，因为这些企业不仅具有较高的市场份额，还有望在未来的数字化转型浪潮中持续领先。

行业与垂直场景型商业模式正为各行各业带来全新的变革机遇。从自动驾驶到医疗健康，再到制造业和保险理赔，每一个成功的案例都在向我们证明：当技术创新深度融入行业应用，便能激发出强大的市场需求和持续的经济效益。企业家和决策者需要顺应这一趋势，深入了解各垂直领域的独特需求，并通过技术赋能，实现从数字化转型到生态重构的跨越。

上述五类 AI 商业模式均有创新和差异（见表 3-6），作为企业也应该思考如何与不同模式的 AI 技术类公司进行合作，特别是在行业与垂直场景型商业模式中，企业应当积极探索与大模型的标杆企业的合作机会。Waymo 在自动驾驶技术领域的前沿地位，为企业提供了极具价值的合作样本。通过与这些技术领军企业的深度合作，企业能够更高效地引进尖端技术，提升自身产品与服务的竞争力，进而在特定垂直市场中构筑坚实的竞争优势。企业的合作范围不应局限于技术层面的互动，还应涵盖商业模式创新、市场策略优化等多个维度，共同促进行业生态的持续进步。

表 3-6　AI 商业不同模式的使用场景列出

商业模式	特点	企业适用场景	优缺点
巨头生态模式	综合解决方案（如微软 Azure）	需要全面支持的大中型企业	优点：支持强 缺点：成本高，锁定风险
硬件主导模式	控制计算力（如 NVIDIA GPU）	依赖高性能计算的企业	优点：性能强 缺点：初期投资大
模型服务模式	提供 API（如 DeepSeek 开源模型）	预算有限、需灵活定制的企业	优点：成本低，灵活 缺点：存在技术门槛
原生创业模式	专注小众市场（如 Character.AI）	有特定需求的小型企业	优点：创新高 缺点：规模有限
行业与垂直场景模式	专注特定行业（如 Waymo）	有行业特定需求的企业	优点：定制化程度高 缺点：适用范围窄

这几种模式各有侧重，既反映了不同地区对技术与市场需求的理解，也展示了资本在配置资源时的多元偏好。无论是巨头生态型企业利用平台效应锁定用户，还是硬件主导型企业通过算力优势构筑护城河，都为未来的市场竞争带来了启示。

4　分析技术创新如何催生新的市场生态

随着 DeepSeek 技术的快速发展，AI 技术正以前所未有的速度改变着各行各业。从企业管理的底层逻辑到商业模式的创新，再到用户需求的深刻变革，AI 技术正成为推动市场生态变革的重要力量。在这一节中，我们将从四个方面探讨 AI 技术创新对新的市场生态的催生：AI 技术的发展如何打破行业原有的壁垒，创新商业模式和重塑收入结构，构建开放平台与生态联盟，以及技术创新引发的市场需求变革。

AI 技术的发展如何打破行业原有的壁垒

过去，行业壁垒主要源于技术、资本和信息的不匹配。如今，新技术的开放和快速迭代使得曾经只有少数大型企业才能掌握的核心技术迅速"普及"到中小企业和创新团队。例如，大模型技术的兴起，曾让少数技术巨头垄断市场，但随着开源框架和算法优化技术的成熟，这一局面正悄然改变。随着 DeepSeek 的火爆，很多厂商纷纷接入了其开源系统，这一现象不仅加速了技术的普及，还促进了不同行业间的技术融合。通过接入 DeepSeek 这样的开源系统，厂商能够快速获得先进的算法和数据处理能力，进而将这些技术融入自身的产品中，实现功能的升级和迭代。这种技术融合不仅打破了原有的行业界限，还为市场带来了新的竞争态势和创新机会。例如，一些传统制造业企业开始利用深度学习技术进行产品设计和优化，而金融行业也开始探索如何利用大数据和人工智能技术提升风险控制和客户服务效率。

我们可以从多个维度对比传统行业与新兴技术（如 AI 大模型等）。在技术获取这一维度，传统模式下的企业往往需要投入巨额的研发资金，并面临技术门槛高的挑战，这不仅限制了技术的迅速普及和应用，还导致了创新的缓慢。研发团队常常在漫长的探索和试错中挣扎，而高昂的成本和时间投入使得许多有潜力的项目难以见到曙光。而开源技术的兴起和云平台的广泛共享，为企业提供了快速验证原型的机会，降低了技术获取的难度和成本。这种开放和共享的精神，不仅加速了技术的迭代，也激发了整个行业的创新活力。

在数据积累这一维度，传统行业中的数据孤岛现象严重，数据难以流通和共享，限制了数据价值的挖掘和利用。企业内部的数据往往被锁定在各自的系统中，无法实现有效的整合和分析，导致了资源的浪费和决策的低效。

但在新技术推动下，大数据采集与共享平台的建立，以及跨部门协同工作的推进，打破了数据壁垒，促进了数据的广泛流通和高效利用。企业能够通过分析海量数据，洞察市场趋势，优化产品设计，甚至预测未来的发展方向，从而在竞争中占据有利位置。

研发周期是另一个值得探讨的维度。传统研发模式通常周期长，且高度依赖硬件设备，这不仅增加了研发成本，也延长了产品上市时间。研发团队往往需要等待数月甚至数年，才能看到自己的努力转化为实际的产品。而在新技术环境下，模型压缩技术和云端训练的广泛应用，显著缩短了研发周期，提高了研发效率。企业能够利用先进的算法和强大的计算资源，在云端进行大规模的模拟和测试，从而快速迭代产品，迅速响应市场变化。

另外，我们往往忽视了市场进入门槛这一维度。在传统行业中，市场进入门槛较高，准入者通常仅限于少数巨头企业。这些企业凭借其规模和资金优势，构筑了难以逾越的行业壁垒，使得新竞争者难以进入。在新技术推动下，生态平台的开放性为中小企业提供了快速入局的机会。这些平台不仅提供了必要的工具和服务，还构建了一个合作与竞争并存的生态系统，促进了市场的多元化竞争。这为消费者带来了更多的选择和创新产品，同时也为整个行业注入了新的活力和创造力（见表3-7）。

表3-7 传统模式与新技术变革对比

维度	传统模式	新技术驱动下的变革
技术获取	高额研发投入，技术门槛高	开源技术和云平台共享，能快速验证原型
数据积累	数据孤岛现象严重	大数据采集与共享平台，促进跨部门协同
研发周期	长周期、依赖硬件设备	模型压缩技术和云端训练，使研发周期大幅缩短
市场进入门槛	准入者仅限少数巨头	生态平台开放，中小企业也能快速入局

创新商业模式和重塑收入结构

AI 技术的快速发展催生了多种创新的商业模式和收入结构。传统的商业模式往往依赖于产品或服务的销售，而 AI 技术的应用使得企业可以通过提供数据服务、平台服务等方式实现盈收。

以 Jasper 为例，这是一家 AI 营销工具公司，通过提供 AI 驱动的营销文案生成工具，帮助企业提高营销效率。Jasper 的商业模式不仅依赖于产品销售，还通过提供定制化的营销解决方案，实现收入增长。这种商业模式不仅提高了企业的竞争力，也为企业提供了更多的收入来源。

所以，技术创新不仅仅体现在产品性能提升上，更深刻地改变了企业的盈利模式。传统模式下，硬件销售或单一服务收费曾是企业的主要收入来源；而今天，通过技术与平台的深度整合，新兴企业已在增值服务、订阅模式和定制化服务上开辟出全新盈利路径。

为更清晰地呈现两类模式的核心差异，我们从盈利方式、盈利结构、用户黏性和成长模式四个维度构建了系统性对比框架。表 3-8 通过结构化拆解揭示：技术驱动的商业模式创新已从根本上改变了企业的价值创造与捕获逻辑。

表 3-8 传统盈利模式与新型商业模式比较

盈利模式	传统模式	新型商业模式
盈利方式	单次硬件销售、软件授权	订阅、API 调用、增值服务、平台分成
盈利结构	固定利润率	多层次组合收入：基础层、能力层和应用层收入分化
用户黏性	较低，依赖单次交易	高复购率，通过平台生态实现长期用户绑定
成长模式	依靠硬件销量增长	依托数据和用户生态，形成正向反馈闭环

透过对比可以发现，新型商业模式本质上构建了"用户—数据—服务"的正向循环体系：在基础层，API 调用和平台分成为技术能力输出提供通道；在能力层，订阅模式保障了持续服务收入；在应用层，增值服务与生态定制则深度挖掘用户价值。这种分层收入结构不仅突破了传统固定利润率的局限，更重要的是通过高频交互建立了用户长期价值绑定机制。

新型商业模式能够迅速响应市场需求变化。例如，一家电商平台通过接入 AI 客服系统，每节省 1 元人工成本即可为平台带来 0.15 元的技术服务费，从而形成了强大的场景化变现能力。这样的计费方式不仅使得用户黏性大大增强，也让企业在不断优化产品功能中获得更高市场份额。

构建开放平台与生态联盟

AI 技术的快速发展也催生了开放平台和开源生态的兴起。开放平台和开源生态通过网络效应，使得更多的企业和个人能够参与到 AI 技术的开发和应用中来。过去，核心技术往往被大企业紧紧把控，但随着技术标准化和开源运动的兴起，不同行业间的合作日益增多，逐步形成互利共赢的生态圈。

这种生态重构的核心驱动力可从三个维度进行解构（见表 3-9）：技术共享打破了传统技术壁垒，开放数据重构了生产要素流通模式，而生态联盟则重塑了产业协作范式。通过系统梳理这三重变革，我们可以清晰看到开放平台如何从技术赋能走向生态共建。

表3-9 开放平台带来的生态效应

关键因素	开放平台带来的变化	生态效应
技术共享	核心算法和工具公开，使得中小企业能快速应用	降低创新门槛，激发市场活力
开放数据	数据标准化和共享平台建设，使数据互通互享	形成跨界合作，推动全产业链协同创新
生态联盟	不同企业通过合作构建共生平台	互补优势显现，共同构筑、防护行业护城河

开放平台构建了"技术—数据—组织"三位一体的正反馈机制：在技术层面，算法工具的标准化开源（如 TensorFlow、PyTorch）使中小企业能够快速搭建 AI 能力底座；在数据层面，跨域数据流通协议（如 OpenAPI）催生了保险科技、智慧医疗等跨界解决方案；在组织层面，生态联盟通过制定共同技术标准[如开放式神经网络交换格式（ONNX）模型]，既降低了协作摩擦成本，又构筑起技术护城河。这种多层次的开放体系，使得单个企业的技术创新能够通过生态网络产生指数级放大效应。

比如 Stability AI 通过开放 Stable Diffusion 模型代码，实现了基础模型的免费试用，同时提供个性化微调和高清输出等增值服务。这种"开放核心＋增值服务"的模式，在短短 18 个月内便吸引了 23 万开发者，并催生出 800 多个垂直应用，为企业赢得了极高的市场认可度和资本关注。

技术创新引发的市场需求变革

技术创新还不断激发新的市场需求，引发消费者行为的转变。新技术的推广往往不仅仅是对现有产品的升级，而是彻底颠覆用户对服务和产品的传统认知。以 AI 网红 Miquela 为例，这一通过 AI 技术打造的虚拟网红，满足了用户对于个性化和情感互动的需求。Miquela 不仅在社交媒体上获得了广泛的关注，还通过与品牌合作实现了商业化。这种新型的用户需求，为企业提供了新的市场机会。

　　AI 技术的快速发展正在以前所未有的速度改变着各行各业。从打破行业壁垒到催生新的商业模式和收入结构，再到开放平台和开源生态的网络效应，以及引发新的用户和市场需求，AI 技术正成为推动市场生态变革的重要力量。未来，随着 AI 技术的不断发展和应用，我们相信，它将继续引领市场生态的变革，为企业带来更多的机遇和挑战。

第四章 国内外AI创新项目的案例

2025年3月7日，全球知名投资机构a16z发布了最新的AI产品流量TOP50榜单。这个榜单每半年更新一次，依据独立IP访客数进行排名，是当前AI行业内权威的流量数据指标之一。相比上一次榜单，这次数据呈现出许多新趋势，尤其是中国AI应用的全面崛起令人瞩目——入榜产品数量由上次的8款提升至19款，占比达到38%。其中有11款中国产品是新晋入榜，占新入榜产品总数的65%。这组数据充分显示出中国市场在智能应用领域的迅速发展和与日俱增的竞争力。

从榜单数据中，我们可以观察到几个明显的变化趋势。

▶ 流量榜单的大洗牌

2025年的榜单中，部分产品的排名发生了显著变动。以AI视频生成领域为例，2024年上榜的5款产品中有3款已经发生了更替；而在AI图像生成领域，原本上榜的7款产品仅剩1款还在榜上。这种洗牌现象表明，市场在不断进行自我调整，优胜劣汰的过程正在加速。企业在这一过程中，如果不能及时把握行业趋势，可能会迅速失去竞争优势。

▶ 2C领域的盈利机会

数据显示，AI照片和视频编辑是面向个人消费者的应用中最容易获得盈利的赛道。在最新的AI应用收入TOP50榜单中，共有10款该领域产品入围，占比高达20%。这说明在大众市场中，图像和视频编辑相关的智能产品具有较大的市场需求和盈利潜力。

▶ 垂直领域的潜力应用

除了传统的图像、视频编辑产品，一批看似小众的垂直应用也在这波 AI 浪潮中找到了盈利机会。诸如植物识别、营养管理、语言学习等应用，正逐步在细分市场中崭露头角。尤其值得注意的是，这些垂直应用大都具备较强的技术积累和精准的市场定位，通过数据和算法的优化，在细分市场中形成了独特的竞争优势。

▶ 出海成为中国 AI 应用的普遍选择

中国的 AI 应用不仅在国内市场表现抢眼，而且在国际市场上也逐步实现了商业化布局，出海成为这些产品普遍的发展路径。

此外，尽管诸如英伟达、OpenAI 等大公司凭借庞大的研发投入和技术实力在全球范围内取得了不俗的成绩，但这些成功故事并不适用于所有企业。对于大多数中小企业而言，动辄几十亿的研发投入和上千人的技术团队是遥不可及的投入。中小企业所需要的，远不是盲目追逐巨头的成功模式，而是要找到一条切实可行、符合自身实际情况的发展路径。

正因如此，本章的重点正是帮助中小企业探索属于自己的智能化转型之路。我们不能仅盯着那些遥不可及的商业巨头，更要把目光转向那些能够在现有技术和资源基础上，实现"降本增效"与"创新盈利"的实际案例。比如一家利用现成 AI 技术优化物流的小公司，或是一个通过 AI 实现个性化营销的创业团队，这些具体的落地应用案例，无不为中小企业提供了宝贵的经验和启示。希望这些案例能给你一些启发，让你觉得"原来 AI 离我并不远"。

▶ 案例分析的整体框架与标准

在 AI 创业浪潮中，项目的成功不仅依赖于前沿技术的支撑，更取决于其商业模式的可复制性和持续盈利能力。为了帮助读者系统了解 AI 项目背后的运营逻辑，本章采用标准化的拆解框架，从企业背景、产品模式、营销推广、盈利模式以及未来前景与风险等多个维度剖析案例，既能够还原案例的真实运营路径，又能为中小企业和创业者提供可借鉴的实践经验。

企业基本情况：介绍企业的成立背景、创始团队的专业背景以及关键的融资历程。通过对团队构成的深入了解，可以判断项目在技术研发和市场拓展中的执行能力。

产品模式与核心应用场景：着重阐述产品所解决的问题、核心功能以及在实际应用中的表现。详细说明产品如何利用大模型和开放平台实现内容生成、智能交互等关键技术，并通过案例说明其创新点和独特优势。

营销推广与用户获取策略：分析项目如何借助线上线下渠道进行推广、通过数据驱动实现用户裂变，并探讨其在品牌塑造和市场渗透上的策略。详细的数据和实例能够直观反映出项目在早期市场开拓中的成功经验。

盈利模式与商业变现路径：从订阅制、广告收入到企业级服务等多种商业模式入手，分析项目如何实现从技术落地到持续盈利的转化。同时，还会关注收入结构的合理性以及盈利能力的可持续性。

发展前景与风险评估：在对未来的展望中，我们不仅讨论市场规模和技术进步带来的机遇，还会探讨可能面临的竞争、政策风险和技术瓶颈。通过对未来环境的预测，帮助读者判断企业项目的长期发展潜力。

这种标准化的拆解方法，旨在为读者提供一个清晰的分析路径，使每个案例都能呈现出技术、市场与资本运作之间的内在逻辑。

案例一　Jasper——AI 写作的工业级流水线

企业基本情况

Jasper 的服务器每天处理着数万字的创作请求。这个成立于 2021 年的 AI 写作平台，正在重新定义文字生产的底层逻辑。不同于传统的内容工坊模式，Jasper 像一台 24 小时运转的智能印刷机，将企业所需的海量文案转化为标准化的数字商品。从博客文章到电商详情页，从社交媒体推文到 Google 广告词——该平台已成为内容生产市场的主力。

公司名称"Jasper"意为碧玉——隐喻其技术能将粗糙的文字原料雕琢成具有商业价值的作品。这一命名哲学贯穿其产品设计：不做诗性表达的 AI 诗人，只做商业文案的流水线工程师。这种工业级的内容吞吐能力，使其在成立 18 个月时就跻身独角兽行列。2022 年 1 月团队只有 9 人，10 个月后增加到 160 多名；2022 年 10 月融资 1.25 亿美元，估值达 15 亿美元；客户达 10 万名，四分之三的客户每月支付 80 美元以上费用。截至 2025 年 3 月，公司拥有超过 10 万名活跃用户，特别是在企业市场表现强劲。

▶ 创始团队

Jasper 的创始团队堪称"美国创业梦的标本式组合"。灵魂人物戴夫·罗根莫瑟（Dave Rogenmoser）是典型的连续创业者，其前两次创业均折戟于工具类 SaaS 领域，却也积累了宝贵经验：在创办市场营销分析公司 Proof 期间，他深刻认识到企业内容生产的规模化困境。这种对市场痛点的精准把握，成为后来 Jasper 诞生的核心动因。Jasper 的核心团队由 AI 和营销领域的专家组成，其技术团队专注于开发写作 AI 引擎，结合大型语言模型（如 GPT-4）和定制训练，优化营销内容生成。商业团队则致力于扩展企业客户关系，确保平台满足大型组织的需求。

▶ 发展历程

○ 2021年：产品破冰

1月获种子轮融资，基于GPT-3开发首个浏览器插件；6月推出品牌定制功能，签约Shopify等首批企业客户；12月用户突破10万，单月营收达200万美元。

○ 2022年：资本盛宴

4月完成A轮1.25亿美元融资，估值飙升至15亿美元；8月上线搜索引擎优化（SEO）模块，与SurferSEO建立数据管道；11月推出多语言支持功能，覆盖35种语种。

○ 2023年：生态扩张

3月发布企业级AI审核系统，解决合规风险；6月收购图片生成平台Photosonic，进军多模态内容；9月推出行业解决方案库，覆盖医疗、金融等垂直领域。

○ 2024年：企业收入翻倍

新增850多个企业客户，推出营销工作流自动化功能和80多个AI应用。

这个发展轨迹展现出AI写作市场的爆炸性增长。特别是在2022年ChatGPT发布后，Jasper的周活跃用户暴增400%，但团队巧妙地将竞争压力转化为市场机遇。开发的"企业级安全墙""品牌声音克隆"等功能快速迭代，在红海中开辟出差异化的蓝海航道。

产品模式与核心应用场景

Jasper 的生产系统如同数字时代的文字工厂，产品模式围绕其 AI 平台展开，旨在为营销团队提供全面的内容生成解决方案。关键功能包括：

- AI 聊天：用于交互式内容创作。
- 文档编辑：支持 AI 辅助的文本生成和编辑。
- 图像编辑：生成和修改高质量图像。
- 品牌控制中心：确保内容符合品牌声音、语气和风格。
- 浏览器扩展：集成到其他网络平台。
- API：支持与自定义系统的集成。

Jasper 提供三个付费计划，Creators（起价 39 美元/月）、Pro（起价为 59 美元/月）、Business（需询价）。用户可以选择在 Creators 或 Pro 计划上进行 7 天的免费试用，表 3-10 为其具体的定价。

表 3-10　Jasper 的官网定价

计划	月费（年付）	月费（月付）	额外用户成本（年付）	额外用户成本（月付）	承诺期
Creators	39 美元/座	49 美元/座	N/A（每个用户）	N/A（每个用户）	可选 12 个月
Pro	59 美元/座	69 美元/座	59 美元/座（最多 5 座）	69 美元/座（最多 5 座）	可选 12 个月
Business	定制定价	定制定价	联系销售（>5 名用户）	联系销售（>5 名用户）	12 个月

功能差异包括：Creators 计划限 1 名用户，Pro 计划支持团队协作，Business 计划提供无限功能和企业级安全。其核心架构围绕三个维度展开。

- 智能生产线
  - 模块化写作引擎：拆解 200+ 个商业文案类型为可组装零件。
  - 品牌声音克隆技术：通过 5 篇范例文本复制企业语态。
  - 实时 SEO 优化：整合 SEMrush 数据实现流量预测写作。
- 质量管控体系
  - 合规检查系统：自动过滤侵权、敏感、虚假信息。
  - 原创性检测：比对 3 亿篇网络文献的相似度。
  - A/B 测试工具：同步生成 6 种版本供效果追踪。
- 行业解决方案库
  - 电商版：自动生成亚马逊产品页的 5 点描述。
  - 科技版：技术白皮书的结构化生产流水线。
  - 金融版：合规披露文件的智能填充系统。

这种工业化设计直击企业痛点。某国际化妆品集团使用其系统后，社交媒体内容产出效率提升 17 倍，而人力成本下降 82%。更惊人的案例来自某汽车论坛，Jasper 在 48 小时内生成 3 万篇不同风格的测评文章，成功将论坛在 Google 搜索首页的覆盖率从 12% 提升至 89%。

营销推广与用户获取策略

Jasper 的增长模式包括以下 4 个方面。

- 客户获取：初期通过口碑和付费进行营销，后期聚焦企业客户。
- 产品扩展：从文本生成扩展到图像生成和工作流自动化，为客户提供综合解决方案。
- 合作伙伴关系与集成：通过 API 与其他平台集成，扩大市场覆盖。

○ 创新：持续推出新功能，如 2024 年推出 80 多个 AI 应用，保持竞争优势。

另外，Jasper 构建了独特的"三角增长模型"。

○ 技术护城河

微调 GPT-3 形成专用语言模型 J1；建立 4000 万优质商业文案的私有语料库；开发专利技术"ToneLock"，解决 AI 写作同质化难题。

○ 生态网络

开发者平台方面，开放 API 接入 700+ 第三方工具；模板交易市场方面，创作者上传模板可获得 50% 分成；教育认证体系方面，培育了 5000 名认证 AI 内容策略师。

○ 数据闭环

主要表现在：根据用户反馈实时优化模型偏好，部署"写作效果追踪器"收集转化数据，行业知识库每季度更新 30% 的内容。

这种精密运转的机器使其客户续费率高达 91%，而企业客户平均支出在 12 个月内增长 3.8 倍。更关键的是，其积累的行业术语库已形成竞争壁垒——医疗板块的专业词汇覆盖量是竞品的 6 倍。

盈利模式与商业变现路径

作为订阅制服务类型，Jasper 的盈利模式依赖于订阅收入与运营成本的差额。运营成本包括研发、市场营销和客户支持费用。2021 年收入为 4500 万美元，2022 年达到 7500 万美元，但 2023 年因竞争加剧，增长放缓，ARR 下调至约 6300 万美元。2024 年收入数据翻倍，总体收入在 1 亿美元左右，具体数据如下：

订阅收入

- 初级版：29美元/月（2万字额度）。
- 团队版：299美元/月（10名用户席位）。
- 企业版：定制化套餐（10万+美元/年）。

数据服务

- 行业知识包：年费1.2万—8万美元。
- 竞品内容分析报告：单份500—3000美元。
- SEO数据库调用：每千次查询75美元。

增值服务

- 品牌声音建模服务：5000美元/次。
- 合规审查加急通道：300美元/篇。
- 线下培训工作坊：人均收费1500美元。

这种多层次变现结构让公司的毛利率达到惊人的85%。2023年第三季度数据显示，企业客户贡献了71%的收入，而数据服务占比首次突破20%，标志着产品从工具向智库的转型。

发展前景与风险评估

增长机遇

- 全球内容营销市场规模到2025年将突破8000亿美元。
- 企业内容外包渗透率有望从23%提升至57%。
- 多模态内容（文字+图像+视频）的整合窗口期。

▶ 风险暗礁

- 大模型依赖症：OpenAI 接口成本占总运营成本 35%。
- 内容通胀危机：AI 生成导致信息过载，降低内容价值。
- 监管政策风险：欧盟 AI 法案可能要求其披露生成内容属性。

最严峻的挑战来自 ChatGPT 的冲击：ChatGPT 推出后迅速火爆，其免费且功能强大，让基于提示需求的生态位（像 Jasper）受到挑战，用户可能不再为 Jasper 付费。当然还有市场认知的转变。当《华尔街日报》开始用 AI 撰写财报分析，当亚马逊商品描述 80% 由机器生成，Jasper 需要回答更尖锐的问题：当所有企业都在用同类工具，内容差异化的护城河该如何构筑？

▶ 商业启示

Jasper 的商业实践揭示出数字化时代的核心矛盾。

- 生产力解放：将文案创作效率提升至工业级水平。
- 同质化陷阱：算法趋同导致内容丧失辨识度。
- 价值再分配：写作者从创作者转型为 AI 提示工程师。

或许 Jasper 的终极使命，不是成为内容世界的永久统治者，而是作为过渡期的生产力杠杆。当所有企业都配备了 AI 写作官，当每个营销人员都掌握了提示工程学，这场效率革命的终点将是重新定义"人类在内容生态中的不可替代性"。而答案，可能藏在 Jasper 尚未完全开发的"人性化润色"功能里——那里保留着最后 3% 必须由人类完成的创作魔法。

Jasper AI 在 AI 驱动的营销内容生成领域占据了领导地位，其订阅制模式吸引了大量客户，特别是在企业市场。然而，近年来的增长放缓显示出竞争加剧的压力。其专有 AI 引擎和品牌控制功能是显著优势，但需持续创新以应对市场变化。总之，Jasper 的商业模式稳健，未来前景乐观，但需警惕竞争和监管风险。

案例二　Monica——一站式 AI 助手

在 AI 技术快速发展的今天，个人生产力工具变得越来越重要。Monica 由中国初创公司 Monica.im（北京红色蝴蝶科技有限公司）开发，是一款集成了多种 AI 模型的综合性 AI 助手，与其团队开发的另一款产品 Manus AI 一起，体现了该公司在 AI 领域的创新能力。

企业基本情况

Monica.im 由连续创业者肖弘创立，开发了 Monica 和 Manus AI 等产品，吸引了腾讯和红杉中国的投资。截至 2025 年 3 月，其估值接近 1 亿美元，显示了市场对其潜力的认可。

▶ 发展历程

- 2022 年：公司成立。
- 2023 年：Monica 作为浏览器扩展推出。
- 2024 年：Monica 扩展至移动和桌面应用。
- 2025 年 3 月：持续更新功能和模型，如 o3-mini 和 DeepSeek–R1。

▶ 产品概述

Monica 旨在提升用户生产力和创造力，集成了多个顶尖 AI 模型，包括 OpenAI 的 GPT-4、Anthropic 的 Claude 3、Google 的 Gemini 和 DeepSeek–R1（见表 3-11）。

表 3-11　Monica 主要功能

功能类别	具体描述
聊天功能	支持与多种 AI 模型互动，如 GPT-4o、Claude 3.7 和 Gemini 1.5，提供实时回答
搜索和总结	提供实时网络访问，总结网页和视频内容，节省用户时间
写作和编辑	使用超过 80 个模板生成文案，支持从段落到完整文章的创作
翻译	支持网页实时翻译，提供多语言阅读体验，覆盖超过 120 种语言
图像和视频创建	将文本转化为图像和视频，支持艺术风格生成和视频动画
编码支持	协助开发者解决编码问题，提供代码片段和调试支持

▶ 技术细节

Monica 的核心优势在于其多模型集成能力。通过结合不同 AI 模型，确保用户获得最佳的响应和功能。例如，DeepSeek-R1 更新了网络搜索功能，提供多源实时信息，而 o3-mini 模型则针对 STEM 领域表现优异。这些更新显示了公司对技术持续优化的追求。

▶ 目标用户和使用场景

Monica 的用户群体包括高效管理任务和沟通的创业者，快速生成高质量内容的创作者，通过编码支持解决技术问题的开发者，以及辅助做研究、写作的学生。

其浏览器扩展和应用形式确保了跨平台使用，用户可以通过快捷键（如 Cmd+M 或 Ctrl+M）轻松访问，适合需要快速生产力的场景。

▶ 市场定位与竞争

Monica 面临来自 ChatGPT、Copilot 和其他 AI 助手的竞争，但多模型集成和跨平台可用性为其提供了独特优势。截至 2025 年 3 月，Monica 已拥有超过 1000 万的用户，Chrome 商店评分 4.9 分，Product Hunt 评分 4.6 分，显示了其市场接受度。

产品模式与核心应用场景

Monica 的产品模式基于订阅制，免费版提供基本功能，适合轻度用户。Pro 版每月约 8.30 美元，提供更多 AI 模型和高级功能。Pro Plus 和 Unlimited 版提供更高使用限额和更多高级功能，具体定价需查看官网。

营销推广与用户获取策略

○ 用户获取：通过口碑、社交媒体和合作伙伴关系吸引用户，截至 2025 年 3 月，Google Play 上该应用的下载量超过 100 万次。

○ 产品扩展：持续添加新功能，如 o3-mini 模型和网络搜索增强，吸引和保留了用户。

○ 目标市场聚焦：针对需要生产力工具的专业人士，如作家、开发者和内容创作者。

○ 国际扩展：扩大全球市场覆盖。

盈利模式与商业变现路径

Monica 的盈利模式依赖于订阅费用，收入来源包括个人用户和企业客户的付费计划。免费版吸引初始用户，付费版通过高级功能和模型访问生成收入。随着基础用户数量的增加，盈利能力将持续增强。

发展前景与风险评估

随着企业寻求自动化，AI 助手的市场需求预计持续上升。需要持续更新和扩展功能，如图像生成和视频创建，以保持竞争优势。

存在的风险有：AI 助手市场竞争激烈，数据隐私和 AI 伦理问题可能带来合规障碍，对 GPT-4 和 Claude 等外部模型的依赖可能影响成本和可用性。

Monica 和 Manus AI 都是 Monica.im 的产品，但功能定位不同。Manus AI 是一款完全自主的 AI 代理，专注于执行复杂任务，如旅行规划和股票分析，而 Monica 更像是一个通用 AI 助手，适合日常事务。尽管两者共享技术基础（如 DeepSeek 模型的使用），但目前没有直接证据表明它们共享用户数据或功能。

2025 年初，Monica 更新了 o3-mini 模型，特别是在 STEM 领域表现优异，并增强了 DeepSeek-R1 的网络搜索功能，支持多源信息整合。

作为一款功能强大的 AI 助手，Monica 适合需要提升生产力和创造力的用户，其多模型集成、跨平台可用性和持续更新使其在竞争激烈的市场中脱颖而出，体现了该公司在 AI 领域的全面布局。

案例三　Runway——重塑视觉内容生产的 AI 革命者

企业基本情况

Runway 是创立于 2018 年的 AI 公司，通过机器学习技术将视频创作的门槛降低到智能手机操作级别。与其说 Runway 是家科技企业，不如称其为"数字造梦引擎"——它让任何拥有文字想象力的人，都能制作出媲美专业团队的视觉作品。

公司名称"Runway"暗含深意：既指代影视制作的物理跑道，也隐喻帮助创作者"起飞"的技术平台。这个命名精准捕捉到了其商业本质——不是替代专业影视工作者，而是为创作者铺设通向视觉表达的数字化高速公路。其工具已被用于电影如《瞬息全宇宙》（*Everything Everywhere All at Once*）、歌手坎耶·维斯特（Kanye West）的音乐作品，以及电视节目如《晚间秀》（*The Late Late Show*）和《疯狂汽车秀》（*Top Gear*）的编辑。2023年6月，Runway被《时代》（*Time*）杂志评为全球100家最具影响力的公司之一，显示其在创意AI领域的领先地位。

▶ 创始团队

Runway的灵魂人物克里斯托瓦尔·瓦伦苏埃拉（Cristóbal Valenzuela）有着典型的新一代科技创业者特质。这位智利出生的85后，在纽约大学攻读艺术硕士学位时，就展现出对生成式艺术的痴迷。他与另外两名创始人在纽约大学Tisch艺术学院的互动电信项目（ITP）中相识。其2017年开发的开源工具ml4a（Machine Learning for Artists），至今仍是AI艺术领域的入门圣经。创始人背景为公司提供了技术优势，融资支持显示出市场对其潜力的信心。

▶ 发展历程

○ 2018—2020年：筑基期

获得美国Y Combinator（简称YC）孵化器投资，发布首款图像编辑工具，积累了20万创作者用户；与英伟达建立联合实验室，奠定GPU加速计算基础；开发出首个支持1080P输出的视频生成模型。

○ 2021—2022年：爆发期

Gen-1系统面世，实现文本/图像转视频的突破，用户量突破百万；完成B轮5500万美元融资，估值达3.2亿美元；建立好莱坞合作网络，参与《瞬息全宇宙》等影片的特效制作。

○ 2023年：生态扩张期

推出企业级解决方案 Runway Studios，单客户年费超 50 万美元；与 Adobe 达成战略合作，技术嵌入 Premiere Pro 工作流；启动"创作者基金计划"，培育原生 AI 影视内容；2023 年 6 月，完成 1.41 亿美元的 C 轮扩展融资，估值 15 亿美元，投资者包括 Google、英伟达和 Salesforce；2024 年 7 月，完成 D 轮融资。

这一进化轨迹暗合技术成熟曲线：从工具属性发展到平台生态，从技术探索到实现商业闭环。特别是在 2022 年 ChatGPT 引发的 AIGC（人工智能生成内容）浪潮中，Runway 的估值在 18 个月内暴涨 7 倍，成为资本追逐的稀缺标的。

产品模式与核心应用场景

Runway 提供基于网络的平台和 API，支持用户通过 AI 生成和编辑视频、图像和其他媒体内容。提供 API 供开发者集成，潜在服务于企业用户，如客户服务或培训场景。其定价计划如表 3-12 所示。

表 3-12　Runway 定价计划表

计划	价格（每月）	主要功能
免费计划	0 美元	基本功能，720p 分辨率导出，带有水印，限 5 个项目
标准计划	16 美元	更高分辨率（1080p），更多功能，需 625 个月度积分
Pro 计划	28 美元	高级功能，需 2250 个月度积分，最多 10 个用户
无限计划	76 美元	无限视频生成功能，最多 10 个用户
企业计划	定制定价	定制功能，适合大型团队

（数据来自：Runway 官网）

Runway 的技术架构如同精密运转的数字制片厂，其核心能力体现在三个维度。

▶ 智能生成引擎

- 多模态模型集群：整合文本、图像、音频的跨模态理解能力。
- 物理引擎模拟：能自动生成符合现实光影规律的动态场景。
- 专利技术：解决视频连贯性的行业难题。

▶ 创作工作流

- 云端协作平台：支持 100+ 特效工具的实时协作。
- 智能资产库：内置 300 万版权素材的检索系统。
- 版本控制系统：自动保存创作过程中的所有迭代版本。

▶ 行业解决方案

- 广告版：15 秒短视频全自动生成。
- 影视版：支持 4K 超高清分辨率和 120 帧高帧率的剧集生产。
- 教育版：嵌入高校数字媒体课程体系。

传统视频制作中，一个 5 秒的 CG 镜头（用计算机生成图像技术制作的镜头）需要 10 人团队工作 2 周，而 Runway 将时间压缩到 2 小时，并节省了人力成本。某国际汽车品牌使用其广告系统后，新品宣传视频的制作成本下降 76%，制作周期从 3 个月缩短至 11 天。

▶ 营销推广与用户获取策略

Runway 的增长策略包括以下方面。

- 产品创新：持续开发新 AI 模型，如 Gen-3 Alpha，提供更高质量的视频生成产品。
- 用户社区：通过免费计划吸引用户，然后通过付费计划升级，构建强用户基础。

○ 市场扩展：目标为个人创作者和企业客户，将 iOS 应用扩展至移动用户。

○ 合作伙伴关系：与 Google、英伟达等技术公司合作，获取资金和技术支持。

2022 年，Runway 收入约 100 万美元，融资总额达 2.37 亿美元。

同时，Runway 构建了独特的增长要素。

在技术引擎方面：每代模型参数量呈指数增长；视频生成速度提升 23 倍（从 90 秒/帧到实时渲染）；将错误率控制在 0.3% 以下，达到影视工业标准。

在生态引擎方面：开发者平台吸引了 6800 个第三方插件开发；创作者社区举办月度 AI 电影节，孵化出多个百万播放 IP；与 RED 摄影机、达芬奇调色系统深度整合。

在数据引擎方面：用户创作产生的视频素材，反哺训练数据库；建立全球最大的 AIGC 视频数据集（超过 10 千万亿字节）；与 Getty Images 等机构共建版权素材池。

盈利模式与商业变现路径

Runway 主要通过订阅、技术服务和增值生态实现盈利，收入来源包括个人用户和企业客户的付费计划。

订阅价格方面，个人版收费为 15 美元/月（基础功能）；专业版收费为 199 美元/月（4K 输出 + 商业授权）；企业版为定制化报价（年费 50 万美元起）。

技术服务方面，API 调用费为每千次请求 75 美元；模型微调服务为单次收费 1.5 万～8 万美元；算力租赁按分钟计费。

增值生态包括素材市场抽成、硬件设备销售和内容发行分成。

这种多元收入结构使其毛利率维持在82%的高位。2023年财报显示，企业服务收入占比首次超过50%，标志着其从工具向生态平台的质变。

发展前景与风险评估

增长极包括：全球短视频市场规模2025年将达3500亿美元；AI生成内容在影视制作中的渗透率有望突破40%；实时3D引擎与AIGC的技术融合窗口。

风险因子包括：开源社区的威胁，Stable Diffusion等模型正在缩小技术代差；在版权方面，用户生成内容涉及IP侵权的法律风险；在算力囚笼方面，单个4K视频生成需消耗大量的算力。

尤其值得关注的是，迪士尼、网飞等巨头正在自建AI团队，Runway和它们既合作又竞争的关系，将长期考验其生态位掌控能力。

▶ 商业启示

Runway用算法重组传统产业链，将视频制作效率提升两个数量级；激活了3000万"技术型创作者"的新兴市场；通过建立行业标准，掌控价值分配枢纽位置。

但这场革命远未结束。当Gen-3模型能生成以假乱真的影像时，关于"真实"的定义正在被改写。Runway的终极挑战或许不在于技术突破，而在于如何让社会接受：当每个人都能制作《阿凡达》级别的作品，创意产业的价值锚点将指向何处？

这个问题的答案，或许就藏在其纽约总部展厅的电子屏上——那里实时跳动着一串数字："今日帮助创作者节省×,×××,××× 小时。"这不仅是一家科技公司的成绩单，更是数字时代创意民主化的里程碑。

通过对 Jasper、Monica 和 Runway 等典型案例的标准化拆解，我们不仅能够全面了解各项目在团队构成、产品创新、营销策略和商业变现方面的成功经验，同时也为广大创业者和企业管理者提供了一幅清晰的市场蓝图。面对日益激烈的竞争环境，只有不断优化产品、加强生态建设、注重用户体验，并在技术与商业模式上不断创新，才能在未来的 AI 浪潮中立于不败之地。

第五章 中小企业利用AI平台创新商业模式

对于中小企业来说，资金、技术与人力资源的限制往往使其在技术研发上难以与大型企业正面对抗。然而，随着各类 AI 平台与开源工具的不断普及，中小企业可以借助现有 AI 平台快速搭建产品，优化运营流程，并实现商业模式的创新与升级。本节将从利用开源模型与 API 构建核心能力、工作流搭建与平台集成，以及从移动互联网到 AI 时代的生态共建三个方面，详细阐述中小企业借助现有 AI 平台实现商业模式创新的路径与实践经验。

1 利用开源模型与 API 构建核心能力

近年来，随着开源生态和 API 经济的蓬勃发展，越来越多的 AI 技术资源以标准化、模块化的形式呈现出来。对于中小企业而言，这意味着无须投入巨资就能获取前沿技术能力，迅速构建起核心产品功能。

企业可以借助诸如 DeepSeek 等开源大模型平台，这些平台往往提供成熟的算法与海量语料库，帮助企业实现自然语言处理、图像识别、语音交互等关键功能。以自然语言处理为例，企业可以利用开源模型提供智能客服服务，自动生成文案和进行情感分析，从而在降低人力成本的同时提升客户服务效率。同时，API 接口的标准化使得不同功能模块之间能够无缝对接，形成一条完整的技术链条。例如，通过调用第三方开放平台提供的图像识别 API，企业可以快速构建智能监控、广告投放效果评估等应用场景。

利用开源模型与 API 构建核心能力还具有以下几个显著优势。

○ 降低研发成本：中小企业无须再自行开发底层算法，可直接调用成熟的技术产品，极大缩短了技术研发的时间并减少资金投入。

○ 加速产品迭代：借助现有平台提供的即插即用功能，企业能够在最短的时间内验证产品原型，迅速进行市场反馈和迭代优化。

○ 技术风险分摊：通过开源社区和大平台的技术支持，企业可以在面对技术更新和算法迭代时，及时获得最新成果，降低自主研发的不确定性。

2　工作流搭建与平台集成：构建轻资产创新模式

在技术不断迭代的今天，企业的竞争优势不再单纯体现在研发投入上，而更多体现在对业务流程的高效整合与创新应用上。中小企业通过搭建高效的工作流与平台集成，能够实现轻资产运营，从而在资源有限的条件下实现规模化扩展。

一方面，工作流搭建要求企业重新审视传统业务流程，利用自动化工具替换烦琐的人工操作。现如今，市场上已经涌现出诸如 Dify、扣子、SD、ComfyUI 等平台，这些工具通过将 AI 技术与企业内部流程相结合，实现了数据采集、信息处理、任务分发与结果反馈的全自动化闭环。例如，企业在进行供应链管理时，可以通过自动化平台整合订单处理、物流调度和库存管理，将整条供应链的数据打通，从而实现资源的最优化配置和成本的有效降低。

另一方面，平台集成在当前商业模式中扮演着至关重要的角色。中小企业可以借助各类开放平台构建自己的技术生态系统，充分利用外部资源实现业务拓展。以一家小型在线教育企业为例，其通过集成视频生成、智能答疑与数据分析等多项 AI 服务，快速搭建起一套完整的在线教育解决方案。平台集成不仅帮助企业打通技术壁垒，还使得各模块之间能够灵活组合、互相赋能。这样一来，企业既能专注于提高核心竞争力，又能依托外部平台实现资源共享和风险分摊。

在工作流搭建与平台集成方面，中小企业需要注重以下三点。

○ 流程标准化：建立标准化的业务流程和数据接口，确保各个环节信息互通，提高整体运营效率。

○ 模块化设计：采用模块化思维，将业务系统拆分为独立模块，通过接口整合，实现灵活扩展。

○ 平台协同效应：与业内领先的开放平台达成战略合作，形成技术、数据、渠道三位一体的协同效应，为产品升级和市场推广提供持续动力。

图 3-4 展示了某企业如何巧妙地运用工作流自动化技术，高效地自动生成适合小红书平台的文案和图片内容。通过这一创新的流程，企业能够节省大量的人力和时间成本，同时保持内容的高质量和一致性。

图 3-4 某企业用工作流自动生成小红书文案和图片

3　从移动互联网到 AI 时代的生态共建

随着移动互联网的迅速普及，生态系统的构建已成为各大平台争相布局的重要领域。在 AI 时代，生态共建不仅是企业实现商业模式创新的关键路径，还是中小企业抢占市场、快速扩展业务的重要战略。借助生态共建，企业可以与上下游合作伙伴、技术供应商及用户之间形成紧密互动，形成一个良性循环的创新生态系统。

生态共建强调平台经济下的开放与协同。传统模式下，企业往往独立运作，难以形成规模效应。而在生态共建模式中，各方通过共享资源、互换数据和共同开发，形成互利共赢的局面。例如，AI 平台通过开放 API 和软件开发工具包（SDK）接口，吸引了大量第三方开发者与合作伙伴加入，共同丰富产品功能和应用场景。在这样的生态环境中，中小企业可以依托大平台的流量和资源，实现快速突破。

生态共建有助于打破信息孤岛，促进数据流通。数据作为 AI 时代的重要资源，其价值在于能够被多方共享和挖掘。通过生态共建，企业不仅可以获得更为全面的数据支持，还能与合作伙伴共享技术成果和市场信息，从而加速商业模式的创新。例如，智能家居领域中，家电厂商与互联网公司通过数据共享，实现家居设备的互联互通和智能控制，从而构建出一个完整的智慧家居生态体系。

生态共建在未来也将催生出全新的商业模式。中小企业可以在开放生态中定位自身角色，选择与核心平台进行深度合作或通过垂直细分市场独立开辟新赛道。以金融科技为例，许多中小金融机构通过与大型数据平台和云服务提供商合作，实现风险评估、信用审批及智能投顾等功能，从而在激烈的金融竞争中占据一席之地。

为了实现生态共建，中小企业需要制订清晰的战略规划。

○ 明确合作定位：在进入生态系统前，企业应明确自身在产业链中的定位，找准与核心平台及上下游企业的切入点，与之形成互补优势。

○ 构建开放平台：积极参与行业联盟和开放平台建设，通过技术标准化和数据接口开放，实现资源共享与互联互通。

○ 打造用户社区：通过线上线下活动、社交媒体运营和用户反馈机制，构建活跃的用户社区，促进产品持续迭代与优化。

○ 注重合作共赢：在生态共建过程中，企业应以合作共赢为目标，与各方建立长期战略合作关系，共同推动整个生态系统的繁荣发展。

例如，一家专注于智慧医疗的中小企业，通过与大型医院、健康管理平台及医疗器械厂商合作，构建了一个完整的医疗数据共享与智能诊断生态系统。借助这一生态共建模式，企业不仅实现了技术与市场的双重突破，还通过数据赋能和平台协同形成了独特的竞争优势。生态共建所带来的网络效应，使得企业在未来市场中更具成长性与抗风险能力。

从未来趋势来看，中小企业如何借力现有 AI 平台实现商业模式创新，不仅是一项技术任务，更是一种战略思维的转变。只有充分认识到技术共享、平台集成和生态共建的重要性，企业才能在数字化浪潮中迎来新的增长点。未来的商业竞争将不再单纯依靠企业自身的研发能力，而是更多地依赖于跨界合作与开放生态的构建。积极借助外部力量，才能实现从传统模式向智能化、平台化、协同化的转型升级，最终在激烈的竞争中取得持久优势。

第四篇

行业篇

PART 4

　　新的 AI 技术如何在真实产业中扎根生长？医疗诊断如何平衡算法精准度与医患信任？制造业怎样用 AI 破解工艺流程的顽固痛点？教育个性化与金融风控又如何找到技术落地的平衡点？这些问题的答案不在技术参数表里，而在行业一线的实践中。

　　本篇通过横跨医疗、能源、制造等领域的 20 余个鲜活案例，揭示 AI 与行业结合的真实路径。从医疗 AI 平台降低风险，到工业 AI 缩短研发周期；从音乐创作工具打破专业壁垒，到酒店管理系统提升人效——每个案例都在证明：最有效的 AI 应用不是颠覆行业，而是用技术补足产业链最痛的短板。当算法真正理解行业规则时，技术赋能才不会再是空中楼阁。

第一章　AI 领域的创业项目与行业分布

前面，我们介绍了 DeepSeek AI 大模型和 AI 相关赛道，以及基于资本视角的不同类型的商业模式，接下来我们将重点介绍 AI 在各个行业领域中的相关案例，其中会重点介绍目前国内外值得学习的 AI 投资机构和孵化机构，并对各家投资孵化的 AI 创业创新项目，以及市场上比较受关注的具体领域和项目案例逐一进行分析。

1　全球 AI 主流创业项目的分类布局

在资本市场的激励下，全球大部分的优秀创业项目都会在早期进入创业孵化器，作为连接初创企业与投资机构的重要桥梁发挥至关重要的作用。目前，全球范围内以美国 YC 孵化器和中国 "YC"（奇绩创坛）为代表的孵化器分别在各自市场构建了独特的生态系统，接下来我们就介绍一下它们都孵化了哪些优秀的 AI 创业项目。

YC 孵化器与 AI 创新案例

美国的 YC 孵化器长期以来一直是全球初创企业的孵化摇篮。它的官网上写着"自 2005 年以来，我们已经投资了 5000 多家公司，总估值超过 600 亿美元"，彰显了 YC 在技术创新和商业模式方面拥有的前瞻性洞察。其创始人萨姆·奥特曼在推动 OpenAI 等项目方面的影响力，也使得 YC 在 AI 领域具备了极高的权威性。YC 作为全球领先的创业加速器，近年来在 AI 领域的投资表现异常出色，特别是在 2024 年冬季、夏季和秋季批次中，AI 相关创业公司占比显著。通过严格的筛选机制，YC 孵化出的项目中有超过 90% 的项目与 AI 相关。这不仅体现了资本对 AI 领域的极大信心，也反映出市场对智能化应用的迫切需求。

根据 YC 官方博客和第三方报道，2024 年冬季批次包括 260 家公司，其中有 130 家 AI 相关公司，占比 50%；夏季批次有 255 家公司，其中有 171 家 AI 相关公司，占比 67%；秋季批次有 95 家公司，其中有 83 家 AI 相关公司，占比 87%（见图 4-1），反映了 AI 在创业生态中的主导地位。

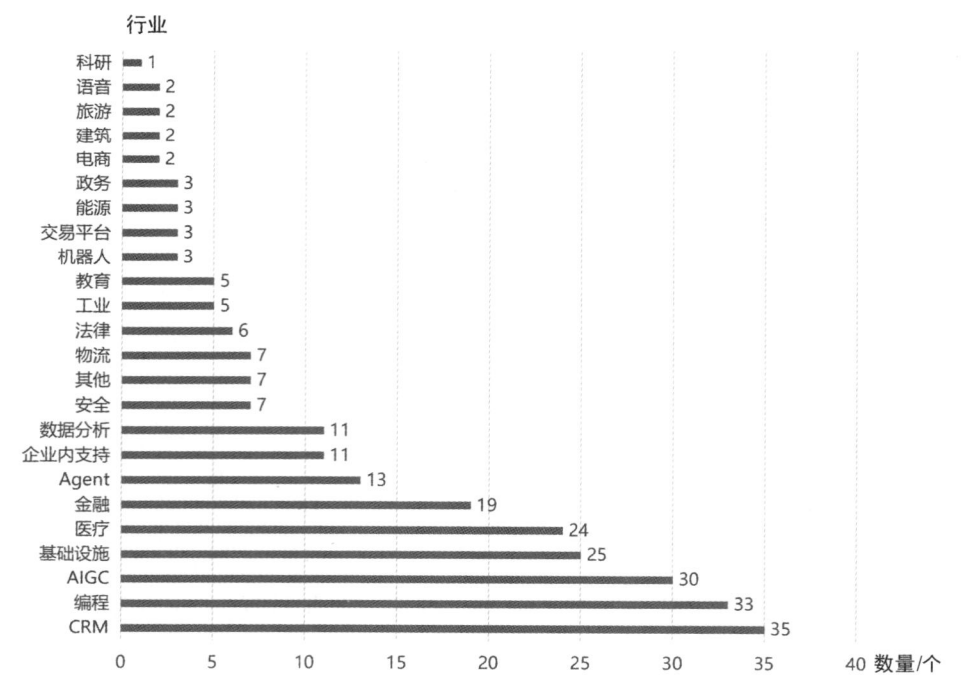

行业	数量/个
科研	1
语音	2
旅游	2
建筑	2
电商	2
政务	3
能源	3
交易平台	3
机器人	3
教育	5
工业	5
法律	6
物流	7
其他	7
安全	7
数据分析	11
企业内支持	11
Agent	13
金融	19
医疗	24
基础设施	25
AIGC	30
编程	33
CRM	35

图 4-1　作者基于 YC 在 2024 年部分（非全部项目）AI 项目的行业分类统计
（数据来源：YC 官网统计）

YC 在推动 AI 创业的过程中注重以下几个方面。

- 高标准筛选：通过多轮面试和实地考察，确保项目具备真正的技术突破与商业潜力。

- 资源整合：在提供资金支持的同时，还通过导师指导、技术资源和市场渠道帮助企业快速成长。
- 生态构建：打造一个以技术、投资、市场为核心的协同创新平台，使各创业团队能够在生态内实现资源共享与经验互通。

图 4-2 是在 AI 大模型爆发后，YC 在 2024 年的投资项目。从垂直行业分布上来看，医疗行业（12.6%）、金融行业（8.4%）、开发者工具（21.1%）为三大主赛道，涵盖法务合同自动化、医疗记录处理、代码数据提供、关系指导等工作流优化工具以及金融相关服务。

图 4-2　YC S2024 项目图谱
（来源：微信公众号"特工宇宙"）

中国"YC"——奇绩创坛的崛起

中国的创业生态同样呈现出蓬勃发展的态势。由百度集团原总裁陆奇创办的奇绩创坛，作为国内"YC"代表，也在 AI 及智能项目孵化上取得了显著成效。当萨姆·奥特曼在 2014 年发出"未来改变世界的三家伟大公司必定诞生于中国"的预言时，可能并未意识到他的判断将如何重塑一个国家的早期投资格局。奇绩创坛的前身是 YC 中国，陆奇团队将"硅谷血液"与中国现实融合，浇筑出独特的创业孵化模式——这既非传统 VC 的复制品，也不全然是美国 YC 的镜像，而是基于真实市场痛点设计的动态操作系统。

2018—2024 年，奇绩创坛展示了惊人的进化能力：累计投资超 420 家企业，总估值破 900 亿，却始终保持"300 万种子投资占股 10%"的极简交易结构。这背后是陆奇团队对技术演进规律的深刻认知：在 AGI 革命前夕，价值判断必须超越传统的财务模型，深度嵌入科技发展的第一性原理。

而奇绩创坛的投资逻辑较为独特，不依赖于传统的商业计划书和尽职调查，而是通过报名信息和面试直接投资创业者。

进行投资后，奇绩创坛通过其加速营模式，帮助众多初创企业快速成长，部分企业已进入下一轮融资阶段。同时，奇绩创坛为创业者提供丰富的资源对接机会，包括行业导师、技术支持和融资渠道。

奇绩创坛致力于扶持那些具有颠覆性技术和明确商业路径的项目，其孵化的项目中有超过一半集中在 AI 及智能应用领域。这一现象不仅印证了国内市场对 AI 技术转型的迫切需求，也为中小企业提供了一条借助资本力量迅速崛起的捷径。

接下来我们来看看奇绩创坛的孵化科技创业项目特色。

▶ 耐心资本与长期主义

○ 注重技术壁垒和商业化验证，支持硬科技长周期研发（如足式机器人控制系统、智元人形机器人等）。

- 退出周期长：优于美国 YC 的短期增长导向，适应中国复杂的产业环境。

▶ 深度赋能模式

- 聚焦前沿技术：以大数据、云计算和深度学习为核心，为初创项目提供技术支持。

- 定制化辅导：根据每个项目的不同特点，量身定制发展战略与市场推广方案；提供启动资金＋密集指导（陆奇等导师参与），聚焦"技术指导＋产业资源对接"，而非单纯的方法论培训。

- 与产业紧密结合：例如种子项目枢途科技的具身智能机器人已进入工业场景，而非限于实验室研发。

▶ 本土化投资逻辑

- 与美国 YC 对比，奇绩创坛侧重技术与产业协同，例如助推 AI Agent 硬件化。

- 资本联动：与国内知名投资机构如红杉中国、高瓴创投、真格基金、IDG 资本等建立紧密合作关系，共同推动项目商业化。

在 AI 项目的孵化方面，我们可以看一下奇绩创坛在 2024 年的主要孵化方向与对于项目概况的分析。

▶ 项目数量与领域分布

- 2024 年的春季路演共录取了 53 个项目，覆盖大模型、多模态、数据智能、具身智能、仿真技术等前沿领域（见图 4-3）。

图 4-3 奇绩创坛项目图谱
（来源：微信公众号"特工宇宙"）

○ 核心赛道特点：从纯算法竞争向"算法＋数据＋硬件"演进，具身智能项目（如 Lift AI、桥介数物）和软硬件结合项目占比显著提升（约占比 30%）。

▶ 商业化进展

○ 多个项目已实现 2B 领域的商业化落地，例如微链智能、为沃科技等已完成标杆客户验证。

○ 2C 应用聚焦 AI 伴侣（次元通讯）、教育工具、消费科技（叶木科技的 AI 眼镜）等细分场景。

▶ 技术路线与创新

○ 差异化竞争：部分项目强调底层突破，例如 Orca Studio（国产物理仿真系统，用于训练效率提升）。

○ 生成式 AI 应用：如浮点奇迹（侧重于 AI 内容生成）、Questflow（自动化集成平台）等探索多模态交互与智能体协作。

根据前面对美国 YC 和中国奇绩创坛的介绍，结合两家机构的运作实践，可总结出两家创新型创业加速平台的差异化定位及其对科技创业生态的核心价值。

2　投资理念的形态分野

YC 的"硅谷基因"体现为对规模化增长的极致追求，通过标准化的申请流程、清晰的"用户价值—增长飞轮"方法论，形成了自 Airbnb 至 Reddit 的明星孵化矩阵。其快速迭代的 Camp 模式如同创业流水线，在全球复制数字化创新的基本范式。

奇绩创坛则展现出显著的"中国式创新"特质。面对国内硬科技产业化所需的复杂工程化落地，其放弃了 YC 的标准化模板，转而采用深度产业协同的"实验室模式"，为创业者提供从技术验证到标杆客户匹配的全链路支持，这种非标赋能在 AI、光子芯片、工业机器人等长周期科创项目中价值凸显。

3　创新周期的战略耐心

YC 的"三个月冲刺"方法论奠基了移动互联网时代的敏捷创新文化，其展现的资本效率曾孵化了 Stripe 等千倍回报项目。但对依赖基础科研突破的领域（如脑机接口、量子计算），这种短周期模型则面临失效风险。

奇绩创坛的"耐心资本"则构建了匹配中国创新土壤的新范式。其典型投资组合如乾元科学大模型（BBT）项目，展现出从数学物理底层规律探索到工业软件落地的长线布局能力。路演日数据显示，具身智能、新能源材料类项目的平均回报周期预计 7—9 年，印证了其穿越技术周期的定力。

两者的不同如表 4-1 所示。

表 4-1　美国 YC 与中国奇绩创坛对比

指标	美国 YC	中国奇绩创坛
创始人影响力	萨姆·奥特曼推动 OpenAI 等项目	陆奇的行业经验与资源整合优势
项目领域	超过 90% 项目与 AI 相关（2023—2024 年项目）	超过 80% 项目专注于 AI 与智能应用（来自官方公众号发布）
资源支持	技术、资金、市场全方位支持	定制化辅导与资本资源联动
全球影响力	全球领先、广泛认可	国内领先，逐步拓展国际影响力

4　范式迁移的时代启示

当全球创新进入"深水区"竞争，两种模式的并存揭示了技术革命不同阶段的生态需求。美国 YC 代表的"应用创新高速路"仍在消费互联网领域保持活力，而奇绩创坛的"地基创新实验室"模式，或许正是破解"摩尔定律失效"时代困局的关键钥匙。科创板数据显示，2023 年上市的硬科技企业中的赛道类型和奇绩创坛的孵化赛道高度吻合，验证了该模式在新型举国体制下的独特生命力。

通过这一对比不难看出，无论是美国 YC 还是中国奇绩创坛，都凭借各自独特的生态系统和丰富的资源储备，为 AI 创业项目提供了极具竞争力的成长环境。而奇绩创坛凭借技术深度、本土适应性及耐心资本，正构建"中国版 YC+OpenAI 孵化器"的复合价值。其扎根中国产业升级需求土壤，叠加陆奇团队的战略布局，有望在硬科技、多模态、具身智能等前沿领域培育出全球级创新公司，最终超越美国 YC 成为代表中国科技创业生态的标杆平台。

第二章 行业案例库

1 医疗健康领域

在医疗健康领域，人工智能正以其前沿技术和数据驱动解决方案，全面改造传统医疗模式。从精准诊断、智能记录到临床试验全流程优化，AI 正推动医疗服务向更高效、个性化和预防导向的方向转型。从前景方面来看，大模型在诊断辅助（如脑电图分析、影像识别）和流程优化（护士记录效率提升）方面已显成效，未来或结合穿戴设备实现实时健康监护。而从其所面临的挑战方面来看，医疗专业性与模型可解释性还需进一步提升。

Andy AI ——护士的 AI 助手

▶ 产品介绍

Andy AI 是一款 AI 辅助工具，专为家庭护士设计。护士可通过手机 App 录制访问患者过程，由系统自动生成完整的临床文档，直接集成到电子健康记录（EHR）系统中。每位患者的文档审查时间从 90 分钟缩短到仅需 15 分钟，极大地简化了记录流程。

▶ 技术路径

- 易用性：启动只需两步，方便快捷。
- 自然交互：护士和患者可以自然交谈，无须额外操作。
- EHR 集成：直接生成 OASIS 文档，节省时间。
- 效率提升：为每位患者节省 1 个多小时的访问时间，总体文档审查时间减少 80% 以上。

○ 语音转录与分析：实时转录家访护士的语音记录，结合医疗知识图谱进行 AI 分析。

○ 无侵入式集成：在不改变现有医疗流程的前提下，将 AI 转录结果直接嵌入医院的电子病历系统。

○ 智能诊断辅助：基于病例库匹配潜在疾病特征，辅助医生发现易被忽视的病理线索。

▶ 应用场景

Andy AI 主要服务于家庭医疗监护场景，尤其是养老院、社区医院的家访护理环节，覆盖日常健康监测、术后康复管理等场景。

▶ 解决的核心痛点

家庭护士的文档审查工作烦琐，这也导致了护士的倦怠和效率低下，家庭医疗护理机构也因文档延误问题影响账单提交。Andy AI 通过自动化文档生成，减轻了护士的工作负担，确保文档能及时准确提交，缓解护士的职业倦怠问题，让护士有更多时间专注于患者护理。

○ 效率低下：传统手工记录耗时（护士每天需花 2—3 小时整理记录），AI 转录使记录效率提升 24%。

○ 信息遗漏：人工记录易丢失细节，AI 通过语义分析可多发现 45% 的潜在疾病（如早期糖尿病足特征）。

○ 流程适配困难：避免"为用 AI 而改造流程"的负担，通过轻量化部署直接兼容现有工作流。

○ 时间成本：护士可处理更多患者。

○ 准确性：和手工录入相比，提升了准确性。

- 及时性：OASIS 提交时间缩短至 24 小时，减少账单延误。
- 缓解护士倦怠：让护士有更多夜晚休息时间，提升了护士的工作满意度。

▶ 项目评价

Andy AI 是 YC2024 年冬季批次孵化的种子期初创公司，团队仅 2 人，均有 Google、Apple 等科技巨头的丰富工作经验。家政医疗市场估值预计到 2031 年达 2510 亿美元，增长潜力巨大。Andy AI 项目已显示成果，帮助机构报告文档详细度提升 45%，使护士生产力翻倍。

- 优势分析

创始团队的稀缺性：核心成员来自 Google 生命科学团队及 Apple Watch 部门，兼具医疗场景认知与技术落地能力。

商业验证可行：美国已有养老服务商付费试点，符合医疗行业按成果付费趋势，ROI 测算清晰。

中国本土化潜力：契合老龄化社会痛点，产品可延伸至社区医院、家庭医生等政策支持场景。

- 潜在挑战

数据隐私壁垒：医疗语音数据的脱敏处理复杂度高，需符合各国差异化监管要求。

推广成本高：需说服传统医疗机构改变信息记录习惯，需与医疗 IT 服务商深度绑定。

Elythea——孕期监护 AI

▶ 产品介绍

Elythea 是一款利用机器学习的移动平台，旨在预测和预防孕期并发症，如产后出血和子痫等。该平台集成于 EHR 系统中，能够在孕妇首次就诊时即标记高风险患者，使医生及时进行干预。

▶ 技术路径

○ 全天候交互监测：通过 AI 主动发起短信、电话沟通，动态获取孕妇健康数据（如饮食、体感、运动状态等），结合预训练医学模型分析潜在风险。

○ 福利智能匹配：基于孕妇所在地区、收入、保险类型等参数，自动筛选可申请的政府补贴（食品券、医疗补助等），并完成几十页纸质表格的自动化填写与提交。

○ 情感支持模块：记录孕妇情绪波动（通过自然语言分析对话内容），有必要时，触发心理咨询或家人协同关怀机制。

▶ 应用场景

聚焦孕期妇女健康管理，覆盖产前检查间隔期的监护盲区，主要服务于美国医疗体系下的个人用户，远期可扩展至产后康复管理。

▶ 解决的核心痛点

○ 医疗资源的稀缺性：孕期实际接触医生的时间仅数小时（全周期约十几次产检），AI 弥补了孕期内 90% 以上的健康监测空白。

○ 风险评估不准确：数据显示，医生可能会错过超过 50% 的孕期危及生命的并发症病例，且通常在分娩时才开始进行手动风险评估，此时为时已晚。

○ 复杂补贴申请难：30% 以上孕妇因信息不对称未享受福利，AI 将申请流程从数天压缩至分钟级（例如"自动生成表格"功能）。

○ 情感持续性需求：孕妇孕期情绪波动频繁，传统诊疗缺乏实时支持，AI通过高频互动可减轻孕妇心理负担。

○ 患者知识不足：高风险孕妇可能对自身风险缺乏了解，未能及时寻求医疗帮助，增加了并发症的发生率。

▶ 项目评价

Elythea 成立于 2023 年，是一家由 YC 孵化的初创公司。团队由 Reetam Ganguli 领导，他曾在 17 岁时进入布朗大学医学院，原本计划成为一名高危产科医生，但后来辍学并全职创办了 Elythea。他曾在 *Nature* 等期刊上发表了 20 多篇论文，还曾创办过一家覆盖 30 多个国家的医学教育组织。

○ **优势分析**

商业闭环清晰：以健康监护为入口，叠加保险资源对接（如匹配共付额低于 30 美元的医疗服务）和政府福利代申请，构建多元收入来源。

场景的不可替代性：满足特殊人生阶段的高频刚需，与苹果 HealthKit 等通用健康平台形成差异化竞争。

本土化适配性强：美国各州政策差异显著，团队通过精细化的地域标签系统，提升服务匹配准确率。

○ **潜在挑战**

情感交互缺乏真实感：纯文本或低拟真语音交互可能会削弱用户信任（例如部分用户仍期待"人类陪诊师"功能）。

隐私合规风险：孕产数据敏感性极高，需符合《健康保险携带和责任法案》（HIPAA）等严苛法规（例如同类医疗项目需与保险机构联合验证数据脱敏）。

商业化周期长：当前为免费测试期，未来实行订阅制或按服务收费需验证用户付费意愿。

Kabilah——AI 协助住院护士交接报告

▶ 产品介绍

○ 聚焦住院护士交接班信息处理场景，通过 AI 自动识别、整理并传递患者护理信息（如用药记录、医嘱变更等）。

○ 结合自然语言处理（NLP）将口头或手写记录转化为结构化数据，整合至医院电子病历系统。

▶ 应用场景

○ 主要服务于医院住院部护士轮班交接环节，覆盖患者用药计划、特殊护理要求、病情变化等关键信息。

▶ 解决的核心痛点

○ 交接信息遗漏风险：文档明确指出，美国 80% 的严重医疗失误由交接班信息不完整导致（如漏打药物、未及时跟进治疗方案）。

○ 人工记录低效：护士需手动录入患者护理记录，尤其在夜班交接时，易因疲劳或时间紧迫而忽略细节（如"今天要打什么药，明天怎么处理"等信息可能未被清晰传达）。

○ 标准化程度低：传统口头或纸质交接依赖个人经验，碎片化信息难以实现系统性追溯。

▶ 项目评价

○ **优势分析**

高频刚需场景切入：针对护士每日必经的重复性痛点（每日多次交接），保障技术落地必要性。

技术轻量化适配：非侵入式集成现有医疗 IT 系统（如文档中未提改造流程，推测其将采取 API 对接模式），降低应用阻力。

医疗安全价值显著：通过结构化数据留存（如用药记录、护理操作等），可回溯医疗事故责任链条。

○ **潜在挑战**

数据标准化难度：不同科室、护士的表达习惯差异可能导致 AI 理解偏差（如如何将口语化医嘱转为标准化术语）。

用户使用惯性：需改变医护人员依赖传统交接方式的习惯（例如护士急着下班可能导致操作敷衍）。

容错率低：医疗场景对 AI 错误零容忍，需确保模型可靠性。

Sonia——AI 驱动的心理健康支持平台

▶ 产品介绍

Sonia 是一家由 YC 支持的初创公司，致力于通过其对话式人工智能技术，为用户提供心理健康支持，支持语音和文本形式，用户可通过手机应用进行访问。

▶ 技术路径

○ 对话式 AI：Sonia 的核心技术是其自主研发的对话式 AI，能够模拟人类治疗师的思维过程，与用户进行完整的语音或文本会话。

○ 多渠道访问：用户可以通过手机应用，以语音或文本形式与 Sonia 互动。

○ 基于证据的技术：Sonia 提供基于认知行为疗法（CBT）的技术，帮助用户管理焦虑、抑郁和压力等心理健康问题。

▶ 应用场景

○ 个人心理健康管理：帮助用户应对焦虑、抑郁和压力等问题，提供即时的支持和指导。

○ 临时情绪支持：用户可以在需要时，通过与 AI 的短暂会话，获得情绪上的支持和缓解。

○ 心理健康教育：通过与 Sonia 的互动，用户可以学习和实践基于证据的心理健康技术，如 CBT。

▶ 解决的核心痛点

○ 高昂的治疗成本：传统的心理治疗每次费用约为 200 美元，而 Sonia 每年 200 美元的服务，大大降低了治疗成本。

○ 可及性限制：许多地区缺乏心理健康专业人士，Sonia 通过手机应用，随时随地提供心理健康支持，克服了时间、空间的限制。

○ 预约等待时间长：传统治疗可能需要等待数周的预约时间，Sonia 提供即时支持，减少等待时间。

▶ 项目评价

Sonia 于 2023 年由三位来自瑞士和德国的好友创立，他们在 AI 和心理健康领域拥有丰富的经验，致力于通过最前沿的研究，为用户提供有效的心理健康支持。

○ **优势分析**

技术创新：自主研发的对话式 AI，使心理健康支持更为个性化。

市场需求：满足了大众对负担得起且可及的心理健康支持的需求，具有广阔的市场前景。

用户体验：多渠道的访问方式，使用户能够根据自己的偏好，选择最适合的互动方式。

○ **潜在挑战**

技术提升：需要持续改进 AI 模型，以确保与用户互动的有效性和安全性。

市场竞争：面对其他 AI 心理健康支持工具的竞争，需要不断创新以保持领先地位。

用户信任：需要建立和维护用户对 AI 驱动的心理健康支持工具的信任，确保用户隐私和数据安全。

总之，Sonia 通过其 AI 驱动的心理健康支持平台，降低了心理治疗的门槛，为用户提供了一个负担得起且可及的支持途径，具有广阔的发展前景。

总体来看，医疗健康领域的 AI 应用不仅显著提升了诊疗效率和准确性，也为医疗服务的数字化转型提供了坚实支撑。展望未来，随着技术进步和政策优化，AI 将在改善患者体验、降低医疗成本及促进健康管理创新中发挥更为关键的作用。

2 企业服务与垂直行业

在企业服务与垂直行业中，人工智能正迅速成为数字化转型的核心引擎。通过智能化工具和自动化解决方案，企业在销售、教育、酒店管理等关键环节实现了流程优化、资源整合和精准决策，开创了全新商业模式。从其发展前景来看，个性化教育（如 1 对 1AI 导师），飞书、钉钉等平台，或将成为行业主流。例如，YC 项目中已有企业通过大模型生成会议纪要并自动分配任务。从其所面临的挑战来看，此类工具需避免与微软、Google 等巨头的入口级工具直接竞争，聚焦细分场景（如垂直行业培训）。

Shepherd——AI 驱动的个性化学习助手

▶ 产品介绍

Shepherd 是一家由 YC 孵化的初创公司，结合了人工智能驱动的自学功能、经济实惠的辅导服务、同伴协作以及分析工具，旨在为学生提供高效且有效的个性化学习体验。

▶ 技术路径

○ AI 驱动的学习路径：利用人工智能技术，为学生提供个性化的学习路径和资源，帮助他们自主学习。

○ 辅导服务：提供经济实惠的辅导服务，学生可以根据需要获取专业的指导和支持。

○ 同伴协作：促进学生之间的协作学习，鼓励同伴之间的知识分享和互助。

○ 学习分析：通过分析学生的学习行为和表现，为学生和教育者提供切实的建议，以优化学习策略。

▶ 应用场景

○ 学校：教育机构可以将 Shepherd 作为学生的学习助手，提升整体学习效果。

○ 个人学习者：学生可以利用 Shepherd 的个性化功能，自主规划和管理学习进度。

▶ 解决的核心痛点

○ 学习个性化不足：传统教育模式难以满足每个学生的独特需求，Shepherd 可以提供个性化的学习路径，帮助学生更有效地学习。

○ 辅导成本高昂：市场上的专业辅导费用可能令一些学生望而却步，Shepherd 提供了经济实惠的辅导服务，使更多学生受益。

○ 缺乏同伴支持：学生在学习过程中可能感到孤单，Shepherd 可促进同伴协作，增强学生的学习动力。

▶ 项目评价

Shepherd 成立于 2023 年，由 Moyo Orekoya 和 Kehinde Williams 等人共同创立。公司曾在融资中筹集了 50 万美元，显示出投资者对其商业模式的认可。作为一家新兴企业，Shepherd 的团队规模也在日益扩大。

○ **优势分析**

技术创新：Shepherd 提供的个性化学习体验，符合现代教育的发展趋势。

市场需求：随着在线教育的普及和个性化学习需求的增加，Shepherd 的服务具有广阔的市场前景。

团队背景：创始团队在教育和技术领域拥有丰富的经验，为公司的发展奠定了坚实的基础。

○ **潜在挑战**

市场竞争：教育科技领域竞争激烈，Shepherd 需要持续创新以保持竞争优势。

用户获取：如何有效地吸引和留住用户，将是 Shepherd 需要解决的重要问题。

教育效果验证：需要通过实际案例和数据，证明平台对学生学习效果的提升，以赢得更多教育机构和学生的信任。

总之，Shepherd 通过将人工智能技术与教育相结合，致力于为学生提供个性化的学习体验，具有良好的发展潜力。

Innkeeper——AI 驱动的酒店管理平台

▶ 产品介绍

Innkeeper 是一家由 YC 孵化的初创公司，致力于简化酒店运营任务。其产品包括 AI 定价、后台自动化、AI 员工和在线增长工具，旨在让酒店运营更轻松。

▶ 技术路径

○ AI 定价：利用人工智能技术，实时监控竞争对手的定价策略，帮助酒店制定最优房价，避免收益损失。

○ 后台自动化：通过自动化工具，简化酒店的日常运营任务，减少人工干预，提高效率。

○ AI 员工：提供虚拟助手，协助处理客户查询和预订业务，提高客户满意度。

○ 在线增长工具：提供一系列工具，帮助酒店增加在线曝光度，吸引更多直接预订，减少对在线旅行社（OTA）的依赖。

▶ 应用场景

○ 独立酒店和连锁酒店：通过 Innkeeper 的解决方案，优化定价策略，简化运营流程，提升客户体验。

○ 民宿和精品酒店：利用 AI 工具，提高市场竞争力，增加直接预订量。

▶ 解决的核心痛点

○ 定价策略复杂：传统手动定价难以实时响应市场变化，Innkeeper 的 AI 定价工具能够帮助酒店实时调整价格，确保竞争力。

○ 运营效率低下：烦琐的后台操作增加了人力成本，Innkeeper 的自动化工具简化了这些流程，提高了效率。

○ 对 OTA 依赖过高：过度依赖在线旅行社可能导致利润受损，Innkeeper 的在线增长工具绕开旅行社，帮助酒店增加直接预订量，提升利润率。

▶ 项目评价

Innkeeper 作为一家新兴的酒店管理技术公司，凭借其创新的 AI 驱动解决方案，已获得业内认可。其产品组合全面，针对酒店运营中的关键痛点提供了有效的解决方案。

○ **优势分析**

技术创新：将人工智能应用于酒店管理，提供智能定价和自动化运营工具，提升酒店竞争力。

市场需求：随着酒店业对效率和盈利能力要求的提高，Innkeeper 的解决方案契合了市场需求。

○ **潜在挑战**

市场竞争：酒店管理软件市场竞争激烈，Innkeeper 需要持续创新以保持领先地位。

客户获取：需要采取有效的市场推广策略，吸引更多酒店采用其解决方案。

总之，Innkeeper 通过其 AI 驱动的酒店管理平台，为酒店业提供了现代化的解决方案，具有广阔的发展前景。

askLio——大公司采购 AI 助手

▶ 产品介绍

askLio 是一款由 YC 孵化的人工智能助手，专为大型企业的采购团队设计，旨在自动化处理自由文本请求并指导员工。

▶ 技术路径

○ 自由文本请求处理：askLio 能够理解和处理员工以自然语言提交的采购请求，自动解析需求并匹配合适的供应商和产品。

○ 多语言支持：支持超过 175 种语言，使全球企业的员工都能方便地使用该平台。

○ 全天候可用性：AI 助手 24/7 在线，确保在任何时间都能响应员工的采购需求。

○ 数据处理能力：已处理数十亿条数据，可以持续学习和优化，以提供最佳的采购建议。

▶ 应用场景

适用于大型企业的采购部门，尤其是那些希望提高采购效率、缩短采购周期并减少手动操作的组织。通过 askLio，员工可以快速提交采购请求，系统将自动进行数据处理并提供采购指导，缩短了与采购相关的烦琐流程。

▶ 解决的核心痛点

○ 采购流程冗长：传统采购流程可能需要数周时间，askLio 将其缩短至数小时，提高了效率。

○ 手动处理耗时：自动化处理自由文本，减少了人工干预，降低了出错率。

○ 语言障碍：支持多语言，使全球员工都能无障碍地提交采购请求。

▶ 项目评价

askLio 由 Till Wagner、Lukas 和 Vladi 三位联合创始人领导。该项目在 2024 年荣获 BME 采购卓越奖，体现了其在采购领域的创新性和影响力。

○ 优势分析

创新性：自动化的采购流程，显著提高了效率。

全球适用性：多语言支持。

行业认可：获得 BME 采购卓越奖，证明了其在行业内的领先地位。

○ 潜在挑战

AI 技术的持续优化：需要不断学习和适应新的采购需求和更多语言，以保持高效运作。

市场竞争：随着 AI 在采购领域的应用增加，askLio 需要持续创新以保持竞争优势。

总体而言，askLio 通过将 AI 技术应用于采购流程，解决了传统采购中的诸多痛点，提升了企业的运营效率。

AiSDR——AI 版的销售代表

▶ 产品介绍

AiSDR 是一家由 YC 孵化的初创公司，致力于通过人工智能技术自动化销售开发代表（SDR）的工作。其软件利用生成式 AI 自动撰写并发送销售电子邮件，一旦潜在客户回应，系统会自动进行后续沟通并安排会议。AiSDR的销售邮件平均回复率为 7.1%，已达到行业内由人工撰写的邮件的平均回复水平。

▶ 技术路径

○ AI 驱动的邮件撰写与发送：利用生成式 AI 技术，自动撰写个性化的销售邮件并发送给潜在客户。

○ 自动化客户互动：在潜在客户回应后，系统自动进行后续沟通，处理询问、拒绝等情况，并安排与销售团队的会议。

○ 集成现有工具：与 Gmail、Hubspot 和 Calendly 等工具集成，确保无缝链接工作流程。

▶ 应用场景

适用于希望优化销售开发成本并扩大销售渠道的企业，特别是那些依赖 SDR 进行客户拓展的公司。通过 AiSDR，企业可以减少对人工 SDR 的依赖，降低成本，同时提高销售效率。

▶ 解决的核心痛点

○ 高昂的 SDR 成本：美国企业每年在超过 60 万名 SDR 上花费约 480 亿美元。使用 AiSDR 后，可以帮助企业显著降低人力成本。

○ 效率低下：传统的 SDR 需要手动撰写和发送大量邮件，耗时耗力。AiSDR 的自动化流程提高了效率，使销售团队能够专注于更高价值的任务。

○ 个性化不足：AI 技术确保每封邮件都经过个性化处理，提高了潜在客户的参与度和回复率。

▶ 项目评价

AiSDR 由 Yuriy Zaremba 和 Oleg Zaremba 兄弟于 2023 年 8 月创立。公司在成立初期即获得了各大投资机构的青睐，成功筹集了 300 万美元的种子轮融资。

○ 优势分析

创始团队经验丰富：联合创始人 Yuriy Zaremba 此前创立过法律科技公司，并成功退出，拥有丰富的创业和领导经验。

市场需求强劲：销售自动化是一个快速增长的领域，企业对提高销售效率和降低成本的需求为 AiSDR 提供了广阔的市场空间。

技术领先：利用生成式 AI 技术，AiSDR 在销售自动化领域具有竞争优势，其邮件回复率已达到行业人工平均水平。

○ 潜在挑战

市场竞争激烈：随着 AI 技术的普及，越来越多的公司进入销售自动化领域，AiSDR 需要持续创新以保持领先地位。

客户接受度：一些企业可能对完全依赖 AI 进行销售开发持谨慎态度，AiSDR 需要证明其技术的可靠性和有效性。

数据隐私与合规性：处理客户数据时，需确保遵守相关的隐私和数据保护法规，以避免法律风险。

总之，AiSDR 通过将人工智能技术应用于销售开发领域，为行业提供了高效、成本效益高的解决方案，具有广阔的市场前景。

3　工业与清洁能源

在工业与清洁能源领域，人工智能正深度融入制造流程与能源管理体系。

从智能设计、实时模拟到全流程自动化，AI 助力传统工业实现成本控制与效率提升，同时推动绿色能源的广泛应用和可持续发展。

Aether Energy——太阳能版的 AI 酷家乐

▶ 产品介绍

Aether Energy 是一家由 YC 孵化的初创公司，致力于为全球屋顶太阳能安装商提供 AI 驱动的端到端平台。该平台结合了计算机视觉、激光雷达（LiDAR）和大语言模型的最新技术，为太阳能安装商提供独特的工作流程自动化工具。

▶ 技术路径

○ 端到端全流程覆盖：从客户获取、太阳能施工图设计（根据房屋结构数据生成）、项目管理（资源调度、施工节点跟踪）到法律文书生成，全程由 AI 驱动。

○ 计算机视觉与 LiDAR 集成：通过内部开发的计算机视觉和精细调优的 AI 模型，Aether Energy 能够快速、准确地进行光伏现场设计，使设计速度提升 10 倍。

○ AI 辅助设计：平台充当太阳能安装的协同助手，简化并自动化安装商的各项任务，提高工作效率。

○ 动态方案生成：整合环境数据（如光照角度、屋顶面积）和经济模型（如补贴政策），推出"设计—报价—施工"一体化方案，类似装修设计软件酷家乐的逻辑。

○ 设备采买集成：AI 系统连接供应商数据库，自动完成太阳能板、逆变器等设备选型与采购匹配工作。

▶ 应用场景

Aether Energy 主要服务于美国和西欧市场的屋顶太阳能安装商,旨在通过 AI 技术简化太阳能安装流程,降低成本,提高效率。同时面向美国住宅太阳能改造市场,服务对象为家庭用户、太阳能施工队及承包商,覆盖从需求分析到设备安装的全生命周期。

▶ 解决的核心痛点

当前,屋顶太阳能的安装仍然复杂、昂贵且容易出错。在美国,太阳能的软成本(非硬件成本)占总安装成本的 60% 以上。这些软成本主要源自以下因素。

○ 传统设计低效且耗时:光伏设计团队仍需手动进行屋顶光伏现场设计,这既耗时又容易出错。一旦出现错误,可能需要重新制作解决方案,额外成本可能高达 1000 美元至 2000 美元。

○ 流程碎片化:客户需对接设计、采购、施工等多方团队,AI 将其整合后实现"一站式交付",转化效率提升 30%(提案生成即成交)。

○ 政策依赖性强:针对这一问题,Aether Energy 能动态适配各州能源补贴政策,避免人工计算偏差导致的成本损失。

Aether Energy 通过其 AI 平台,自动化太阳能安装商的重复性任务,减少了人为错误,降低了软成本,提高了安装效率。

▶ 项目评价

Aether Energy 成立于 2023 年,总部位于旧金山,由两位气候领域的企业家 Shelby Bons［担任首席技术官(CTO)］和 Zayne Sagar(CEO)共同创立。两位创始人均毕业于加利福尼亚大学伯克利分校,拥有丰富的气候技术和软件开发经验。

- **融资情况**

截至 2024 年 10 月，Aether Energy 完成了 250 万美元种子轮融资，用于加速平台扩展业务，并为欧洲市场提供本地化的太阳能设计工具。

- **优势分析**

创始人路径依赖正向化：公司 CEO 曾为太阳能施工队长，深刻理解行业流程痛点，有利于 Aether Energy 切中高频刚需场景。

商业闭环强验证：跑通与设备供应商、施工方的分成模式，用户客单价超 2 万美元。

创新技术：公司将计算机视觉、LiDAR 和 AI 技术相结合，显著提高了太阳能设计的速度和准确性。

技术轻量化扩展：通过 API 对接建筑 CAD 软件（如 Revit）、政府政策数据库，避免重造轮子。

- **潜在挑战**

市场竞争挤压：原 SaaS 厂商可能反扑（如美国头部光伏设计软件服务企业 Aurora Solar 已有 AI 功能）。

本土化适配难度：美国各州政策差异较大，需持续投入动态规则库维护信息，将技术推广至新兴市场（如东南亚）更具有难度。

硬件依赖风险：传感器数据采集（如屋顶结构扫描）尚未完全自动化，仍依赖人工辅助输入。

总之，Aether Energy 通过其 AI 驱动的平台，致力于解决太阳能安装中的关键痛点，具有广阔的市场前景。随着全球对可再生能源需求的增长，公司有潜力在太阳能行业中占据重要地位。该项目验证了 AI 在传统基建领域的革新能力——通过全流程数字化重构价值链，其"设计即交付"模式可能颠覆垂直行业生态。若能在政策适配与数据采集端实现突破，或成清洁能源产业升级标杆。

DraftAid——AI 生成 CAD 制造图纸

▶ 产品介绍

DraftAid 是一款由人工智能驱动的工具，旨在将 3D 模型自动转换为详细的 CAD 制造图纸（见图 4-4）。这项技术的核心在于利用生成式 AI，大幅缩短制图时间。

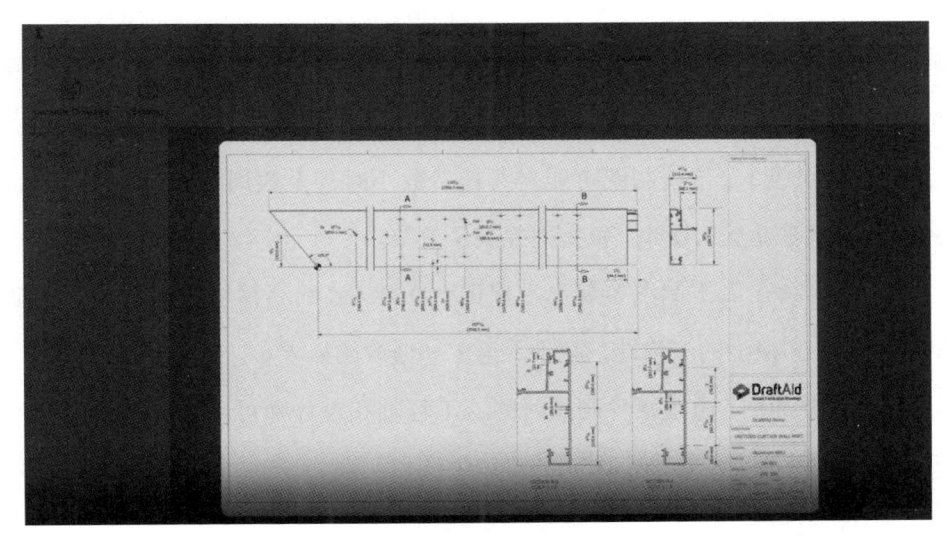

图 4-4　AI 生成 CAD 演示
（来源：官网演示截图）

▶ 技术路径

○ 自动化制图：DraftAid 的 AI 算法能够自动生成高精度的 2D 制造图纸，确保尺寸和细节的准确性，减少人为错误。

○ 无缝集成：该工具可与现有的 CAD 软件无缝集成，无须对现有工作流程进行重大调整或重新培训。

○ 高效性：通过一键操作，DraftAid 能够在几分钟内完成制图过程，大幅提高工作效率。

▶ 应用场景

DraftAid 适用于多个行业，包括建筑、航空航天、汽车制造、耐用消费品和电子产品等。任何需要从 3D 模型生成 2D 制造图纸的场景，均可受益于 DraftAid 的高效制图能力。

▶ 解决的核心痛点

在传统的设计和制造过程中，工程师和设计师需要花费大量时间将 3D 模型转换为 2D 制造图纸。这一过程不仅耗时，还容易出现人为错误，导致项目延误和成本增加。DraftAid 通过自动化制图，解决了以下核心痛点。

○ 时间成本：传统制图可能需要耗费数小时甚至数周时间，而 DraftAid 将这一过程缩短至几分钟，极大地提高了效率。

○ 错误率：人工制图容易出现错误，DraftAid 的高精度算法确保了图纸的准确性、和模型的一致性，减少了返工和修改的需求。

○ 资源利用：通过减少制图时间，工程师和设计师可以将更多精力投入创新和问题解决上，提高了团队的整体生产力。

▶ 项目评价

DraftAid 于 2023 年在加拿大多伦多成立，专注于自动化制造图纸生成领域。公司提供的解决方案能够以单击操作的形式将 3D 模型转换为详细的、带有尺寸标注的制造图纸，具有一定的市场竞争力。

○ 优势分析

技术创新：DraftAid 利用生成式 AI 技术，开创了 CAD 制图领域的自动化先河，被誉为"CAD 领域的 GitHub Copilot"。

市场需求：制造业对高效、准确的制图工具有着强烈需求，DraftAid 的出现恰逢其时，瞄准了市场的这一痛点。

团队背景：DraftAid 的创始团队由具有丰富经验的专业人士组成，包括 Mohammed Al-arnawoot（CEO）、Abdullah Elqabbany（电机工程师）和 Tahsin Rahman（CTO），他们在工程设计和技术开发方面拥有深厚的知识积累。

○ 潜在挑战

市场教育：尽管 DraftAid 能够显著提高效率，但传统制造业对新技术的接受度可能存在滞后，需要进行市场教育和推广。

数据兼容性：不同 CAD 软件之间的兼容性问题可能影响 DraftAid 的推广和应用，需要确保与主流软件的无缝集成。

总的来说，DraftAid 作为一款创新的 AI 制图工具，凭借其高效、准确的特点，有望在制造业和设计领域掀起一场革命，值得行业内外关注和期待。

Navier AI——流体力学模拟

▶ 产品介绍

Navier AI 是一家由 YC 孵化的初创公司，致力于通过机器学习技术加速计算流体力学（CFD）模拟，使工程师能够实时进行流体动力学仿真。其核心产品是一个基于物理的机器学习求解器，能够将传统 CFD 模拟的速度提升 1000 倍。

▶ 技术路径

○ CFD 求解器：Navier AI 开发了一个基于机器学习的 CFD 求解器，通过在大量高质量模拟和实验数据上进行训练，确保高精度和可靠性。

○ 现代用户体验：该平台提供现代化的用户界面，使工程师能够以更直观和高效的方式进行设计和优化。

▶ 应用场景

Navier AI 的技术可广泛应用于需要流体动力学模拟的工程领域，例如航空航天、汽车制造和能源等行业。通过加速 CFD 模拟，工程师可以更快地探索设计空间，进行实时优化，从而缩短产品开发周期，降低成本。

▶ 解决的核心痛点

○ 模拟速度慢：传统的 CFD 模拟计算复杂、耗时长，限制了工程师的设计迭代速度。

○ 高计算成本：复杂的 CFD 模拟需要大量计算资源，导致成本高昂。

○ 设计优化受限：由于模拟速度和成本的限制，工程师难以及时进行设计优化，可能错过最佳设计方案。

▶ 项目评价

Navier AI 通过将机器学习技术引入 CFD 领域，显著提升了模拟速度和效率，它的创新性和技术实力在工程仿真领域具有发展潜力。

○ **优势分析**

技术创新：利用机器学习加速 CFD 模拟，突破了传统方法的速度瓶颈。

成本效益：加速的模拟速度和降低的计算资源需求，减少了企业的研发成本。

用户体验：现代化的用户界面提高了工程师的工作效率，改善了使用体验。

○ **潜在挑战**

模型的可靠性：尽管机器学习模型经过大量数据训练，但在处理新问题或极端情况时的可靠性需要持续验证。

市场竞争：随着更多企业进入该领域，Navier AI 需要持续创新以保持领先地位。

Navier AI 通过将机器学习技术应用于 CFD 模拟，加速了工程设计和优化过程，具有广阔的应用前景。

总之，工业与清洁能源领域的 AI 应用不仅重塑了生产和运营模式，还为行业绿色转型提供了有力技术支撑。

4 内容生成与创作

在内容生成与创作领域，人工智能正以其卓越的创意生成和自动化制作能力，彻底变革传统媒体生产模式。借助先进的生成模型和智能工具，创作者能够轻松实现高质量视频和多媒体内容的定制，激发无限创意。

Magic Hour——生成特色风格的视频

▶ 产品介绍

Magic Hour 是一家由 YC 孵化的人工智能视频创作平台，旨在简化高质量视频内容的制作过程。该平台集成了多种领先的 AI 视频模板，用户只需选择模板并进行个性化定制，即可轻松创建专业级视频。Magic Hour 的目标是让任何人都能轻松创建引人入胜的视频内容，无须具备专业的技术背景。

▶ 技术路径

○ AI 视频模型集成：产品将最先进的 AI 视频模型整合到了一个工作流程中，用户可以选择不同的模板并进行个性化设置，快速生成高质量视频。

○ 用户友好界面：平台设计直观，用户无须专业技能即可操作，降低了视频制作的门槛。

○ 全流程视频创作：从创意构思到最终制作，提供一站式服务，简化了内容生产流程。

▶ 应用场景

○ 内容创作者：博主、网红等个人创作者可以利用平台快速制作高质量视频，提升内容吸引力。

○ 市场营销人员：企业市场团队可借助平台高效制作宣传视频，增强品牌推广效果。

○ 视频制作人：专业视频制作人可通过平台提高生产效率，缩短制作周期。

▶ 解决的核心痛点

○ 视频制作复杂度高：传统视频制作需要专业技能，流程烦琐，Magic Hour 通过 AI 技术简化了这一过程。

○ 制作成本高昂：专业视频制作费用高，时间成本高，Magic Hour 提供了经济高效的替代方案。

○ 技术门槛：非专业人士难以掌握复杂的视频编辑工具，Magic Hour 的友好界面使用户能轻松上手。

▶ 项目评价

Magic Hour 成立于 2023 年，总部位于旧金山，由联合创始人 Runbo Li 和 David Hu 领导，在种子轮融资中筹集了 50 万美元。Runbo Li 曾担任 Meta 的高级数据科学家，专注于新产品实验，拥有丰富的技术和产品开发经验。

○ 优势分析

技术领先：团队在 AI 领域拥有深厚的专业知识，确保了产品的技术优势。

市场需求：随着视频内容需求的增长，平台满足了市场对高效、低成本视频制作工具的需求。

用户基础广泛：平台适用于各种用户群体，从个人创作者到企业团队，市场潜力巨大。

○ 潜在挑战

竞争压力：市场上已有多款视频制作工具，Magic Hour 需要持续创新以保持竞争力。

用户教育：尽管平台易于使用，但仍需教育用户充分利用 AI 功能。

技术更新：AI 技术发展迅速，团队需保持敏锐，及时更新产品以适应新技术。

总之，Magic Hour 通过将先进的 AI 技术应用于视频制作，降低了创作门槛，为用户提供了高效、便捷的解决方案，具有广阔的市场前景。

EdgeTrace——AI 视频检索与分析平台

▶ 产品介绍

EdgeTrace 是一家由 YC 支持的初创公司推出的平台，致力于为关键行业提供 AI 驱动的视频检索和分析解决方案。其平台和 API 提供高级视频功能，如语义搜索、自动注释和分析等，使视频数据更易于访问和操作。EdgeTrace 的目标是通过创新的视频理解和持久记忆上下文，彻底改变价值超过 250 亿美元的视频市场。

▶ 技术路径

○ 语义搜索：利用 AI 技术，使用户能够在大量视频数据中快速找到相关内容。

○ 自动注释：通过自动化视频注释，减少手动处理时间，提高效率。

○ 视频分析：提供深入的视频分析，帮助行业从视频数据中提取有价值的见解。

▶ 应用场景

○ 安全监控：在安全领域，快速检索和分析视频以发现潜在威胁。

○ 制造业：监控生产线，检测异常，提高质量。

○ 交通管理：分析交通视频数据，优化交通流量和安全措施。

▶ 解决的核心痛点

○ 视频数据处理复杂：传统方法处理大量视频数据耗时且易出错，EdgeTrace 提供自动化解决方案，简化了这一流程。

○ 信息检索效率低：手动搜索视频内容效率低下，EdgeTrace 的语义搜索功能提高了检索速度和准确性。

○ 数据利用率低：大量视频数据未被充分利用，EdgeTrace 的分析工具能帮助企业从大量数据中提取有价值的信息。

▶ 项目评价

EdgeTrace 由联合创始人 David Okao 和 Kyle Orciuch 于 2024 年创立。公司已从 YC、Syntax Ventures 和 ZAKA 等投资机构筹集了 50 万美元的资金。团队成员拥有在无人机映射技术等领域的丰富经验。

○ **优势分析**

技术专长：团队在 AI 和视频技术领域拥有深厚的专业知识。

市场需求：关键行业对高效视频数据处理的需求日益增长。

投资支持：获得知名投资者的支持，增强了公司的发展潜力。

○ **潜在挑战**

竞争压力：市场上存在其他视频分析解决方案，需持续创新以保持竞争力。

技术发展：AI 技术快速发展，需要不断更新以保持领先地位。

客户教育：需要向潜在客户传达产品价值，提高采用率。

总之，EdgeTrace 通过提供 AI 驱动的视频检索和分析平台，为关键行业的视频数据处理提供了高效解决方案，具有广阔的市场前景。

Sonauto——AI 驱动的音乐创作平台

▶ **产品介绍**

Sonauto 是一家由 YC 支持的初创公司，致力于通过其内部生成的音乐模型 Melodia，为用户提供创建、分享和聆听音乐的平台。无论是从未制作过音乐的初学者，还是经验丰富的音乐人，都可以通过 Sonauto 的平台，利用 AI 技术轻松地表达自己的音乐创意。

▶ **技术路径**

○ 生成音乐模型 Melodia：Sonauto 的核心技术是其自主研发的生成音乐模型 Melodia，它能够根据用户输入的提示、歌词或旋律，生成完整的歌曲。

○ 多风格支持：平台支持多种音乐风格的创作，包括流行、摇滚、爵士、电子等，满足不同用户的创作需求。

○ 用户友好界面：Sonauto 提供直观的用户界面，使用户无须具备复杂的音乐理论知识或专业制作技能，即可创作音乐。

▶ 应用场景

○ 个人音乐创作：帮助音乐爱好者将创意转化为音乐作品。

○ 视频内容创作者：为视频项目定制背景音乐，增强内容表现力。

○ 游戏开发者：为游戏设计独特的音乐氛围，提升玩家体验。

○ 音乐教育：作为教学工具，帮助学生了解音乐创作过程。

▶ 解决的核心痛点

○ 音乐创作门槛高：传统音乐创作需要专业知识和技能，Sonauto 降低了这一门槛，使更多人能够参与音乐创作。

○ 创作效率低：手动创作音乐耗时且费力，Sonauto 的 AI 技术加速了这一过程，提高了创作效率。

○ 个性化需求难满足：用户可能难以找到符合其特定需求的音乐，Sonauto 允许用户根据自己的喜好定制音乐内容。

▶ 项目评价

Sonauto 于 2023 年由联合创始人 Ryan Tremblay 和 Hayden Housen 创立，已从 YC 获得 50 万美元的投资。团队成员在 AI 和音乐技术领域拥有丰富的经验，致力于通过最前沿的研究，为用户提供有趣的应用。

○ 优势分析

技术创新：自主研发的 Melodia 模型，使音乐生成更为精准和多样化。

市场需求：满足了大众对个性化音乐创作的需求，具有广阔的市场前景。

用户体验：简洁直观的界面设计，使用户能够轻松上手，提升了用户满意度。

○ **潜在挑战**

技术提升：需要持续改进 AI 模型，以生成更高质量的音乐作品。

市场竞争：面对其他 AI 音乐生成工具的竞争，需要不断创新以保持领先地位。

用户教育：需要向潜在用户传达产品价值，促进其采用和使用。

总之，Sonauto 通过其 AI 驱动的音乐创作平台，降低了音乐创作的门槛，为用户提供了一个表达创意的新途径，具有广阔的发展前景。

派哟编程拼图——GPT 时代超越乐高的创造力工具

▶ 产品介绍

派哟编程拼图是一款面向 4—12 岁儿童的实体编程教育工具，通过磁吸拼图模块和 AI 技术的结合，让孩子在动手搭建中学习编程逻辑，并创造可实际运行的智能家居机器人。其核心特点有以下几个方面。

○ 实体交互设计：工具采用不伤眼的磁吸拼图模块。孩子可通过旋钮单步调试程序，直观理解编程原理。此外，灯光还可动态呈现计算逻辑。

○ AI 语音引导：集成 GPT 语音实时指引功能，提供目标引导式学习路径，支持儿童全自主探索。

○ 真实应用场景：作品可通过 Wi-Fi 互联控制智能家居设备（如打开或关闭灯光、窗帘等），使编程成果展现于生活场景中，实现从创意到落地的闭环体验。

▶ 技术路径

○ 硬件创新：磁吸拼图模块内置嵌入式芯片，支持蓝牙/Wi-Fi 通信，可编程控制物理设备；旋钮编码器实现单步调试；灯光矩阵动态映射程序执行流程。

○ 软件生态：基于 GPT-4 的语音交互系统，可根据儿童年龄和编程学习进度动态调整教学策略；云端工作台支持作品代码导出，兼容 Scratch、Python 等语言。

▶ 应用场景

○ 家庭 STEAM 教育（科学、技术、工程、艺术和数学等领域融合的综合教育）：儿童可独立完成智能宠物喂食器、语音控制台灯等作品。实测学习效率较传统编程工具提升 4 倍。

○ 学校课程创新：清华大学附属小学引入该工具后用于低年级编程启蒙课程，相关学生作品入选全国青少年科技创新大赛。

○ 创客社区共建：用户生成的作品方案（如"自动浇花机器人"）在开源社区累计下载量超 10 万次，形成用户生成内容（UGC）生态[①]。

▶ 解决的核心痛点

○ 传统编程工具门槛高：Scratch 等软件需屏幕操作，派哟编程拼图采用上述实体交互设计等方式，减轻了低龄儿童的认知负荷。

○ 学习动力不足：70% 的儿童编程工具因缺乏实际应用场景被弃用，派哟编程拼图的智能家居联动设计提升了使用儿童的成就感。

○ 家长辅导压力：工具的 GPT 语音导师替代了家长 80% 的辅导工作，解决了非专业家庭的教育资源短缺问题。

---

① 以用户生成内容为核心，通过平台支持、激励机制和互动机制形成的动态平衡系统。

▶ 项目评价

团队 CEO 叶博辰，曾在特斯拉担任电子工程师，拥有科创教育研发经验，主导设计 VEX 竞赛机器人；联创团队成员拥有嵌入式开发、机械结构、智能家居产品等复合专业背景。

商业进展方面，于 2025 年 2 月完成天使轮融资，投资方包括红杉中国与 VIPKID（在线英语平台）合资的小恐龙基金。

○ **优势分析**

技术壁垒：已申请"磁吸编程模块的物理—数字映射方法"等三项发明专利。

市场定位：切入 200 亿元规模的儿童编程硬件蓝海，差异化竞争乐高教育、童心制物等品牌。

社会价值：入选"人工智能 + 教育"试点项目，获 2024 年明月湖硬科技创业者大赛创新企业组奖项。

○ **潜在挑战**

供应链管理：磁吸模块精密加工良品率较低，是否需优化生产工艺。

竞品模仿风险：市场是否会推出类似产品，同类产品的出现将会导致定价降低，加剧市场竞争。

▶ 行业启示

派哟编程拼图的成功验证了"实体交互 +AI 导师"模式在儿童教育领域的可行性。

○ 认知科学适配：4—12 岁儿童具象思维占主导，实体拼图比纯屏幕操作更符合儿童的认知规律。

○ 技术普惠路径：通过硬件标准化（单价 399 元）和开源社区，降低 STEAM 教育地域资源差异。

○ AI 赋能边界：GPT 不仅作为工具，更能扮演"创造力催化剂"角色，激发儿童实现从"跟随教程"到"自主发明"的跨越。

Reecho 睿声——超拟真人声大模型

▶ 产品介绍

Reecho 睿声是一款基于自研尖端语音大模型的 AI 语音生成平台，专注于瞬时语音克隆和超拟真语音合成。其核心能力包括：

○ 5 秒瞬时克隆：仅需 5 秒音频样本即可克隆声音，声纹匹配率在 88% 以上。

○ 多语言混合生成：支持中文、英文等语言的无缝混合输出，并计划扩展日语、韩语等。

○ **情感与语境理解：** 通过自回归生成式模型，自动解析文本情感并匹配语调、停顿、呼吸等细节，实现"真人级"自然度。

▶ 技术路径

○ 表现最佳（SOTA）语音大模型：基于 Transformer 架构的自研模型，支持多模态数据融合（如语音、文本、情感标签等）；动态风险预测引擎可提前识别不良事件，在医疗、客服等场景中实现风险预警。

○ 瞬时克隆技术：通过声纹特征快速提取与迁移学习，数秒即可完成音色建模，支持跨语言克隆；专业克隆模式需 1—60 分钟，生成效果接近 99.9% 还原度。

○ UGC 生态构建：开放"声音市场"，用户可分享/交易克隆角色，形成全球首个 AI 有声社区。

▶ 应用场景

○ 内容创作：自媒体博主可借助 Reecho 在 3 小时内完成周更视频配音，效率提升 4 倍（如 B 站 UP 主使用 AI 生成游戏角色配音）；电商品牌通过"商品卖点、多语言广告"形式宣传，降低跨境营销成本。

○ 企业服务：某跨国药企使用 Reecho 自动化生成临床试验知情同意书，使错误率降低 67%；智能客服场景中，情感语音合成使客户满意度提升 30%。

○ 教育创新：大学引入 Reecho 辅助新闻学院课程，帮助学生完成"AI 辅助深度报道"实践；语言学习者通过 Reecho 的方言克隆功能，快速掌握地域口音。

▶ 解决的核心痛点

○ 传统语音工具门槛高：传统从文本到语音（TTS）的技术需手动标记情感参数，Reecho 通过 AI 自动解析文本语境，降低操作难度。对于跨模态协作效率低的问题，则通过"文本→语音→多平台适配"的流水线方式解决。

○ 创作成本与伦理风险：克隆知名人物声音引发的侵权争议（如"雷军骂人语音"事件），将推动平台强化实名认证与敏感词过滤；通过可溯源音频水印技术，追踪恶意合成内容来源。

▶ 项目评价

创始团队 CEO 谢伟铎为奇绩创坛创业营 2024 届校友，曾主导开发全球首个支持 UGC 语音交易的合规框架；技术团队包含前腾讯人工智能实验室语音算法专家、微软 Azure TTS 核心工程师。

商业进展方面，公司于 2024 年获奇绩创坛天使轮投资，2025 年营收突破 1200 万美元，服务小米等企业客户；声音市场月交易额超百万元，用户生成模板突破 10 万个，社区活跃度居行业第一。

- 优势分析

技术壁垒：已申请"瞬时克隆声纹迁移算法"等 7 项专利，中文语音合成效果达 SOTA 水平。

商业模式创新：采用"免费基础功能＋付费高级服务"模式，吸引 200 万创作者入驻。

合规护城河：通过 GDPR 和《中华人民共和国个人信息保护法》认证，部署 AI 伦理审查系统。

- 潜在挑战

技术瓶颈：英文合成稳定性低于中文，浮夸音色克隆效果仍有优化空间。

竞争压力：面临 Runway、ElevenLabs 等海外竞品的模块化功能围剿。

▶ 行业启示

Reecho 睿声的实践揭示了 AI 语音技术的三重突破：

- 从工具到生态：通过声音市场构建创作者经济，用户贡献内容反哺模型训练，形成数据飞轮。

- 从功能到情感：突破传统 TTS 的机械感，实现对哭泣、大笑等非语言声音的模仿，拓宽影视、游戏应用场景。

- 从技术到伦理：推动行业建立声音克隆授权标准，为《生成式人工智能服务管理暂行办法》提供实践参考。

总之，AI 在内容生成与创作领域的应用，不仅大幅提升了制作效率和内容质量，也为多元化表达和个性化传播开辟了新路径。未来，随着技术持续演进，AI 将不断推动内容产业的创新与变革，赋能创作者实现更具影响力的数字化转型。

5　基础设施与编程

在金融法律领域，人工智能正逐步改变风险评估、合规审查和法律服务的传统模式。借助大数据分析、自然语言处理和自动化决策，AI 有效优化了金融风险监控与法律事务处理流程，提升了业务透明度与决策效率。

为沃科技——AGI 驱动的软件共创平台

▶ 产品介绍

为沃科技（南京）有限公司聚焦于可信 AGI 大模型的研发，打造全球首个面向软件开发的智能共创平台 DEVNET。该平台通过构建大模型 Agent 网络与开发者生态，解决中小规模软件项目"有需求，没资源"的行业痛点，实现从需求分析、代码生成到部署运维的全流程智能化。

核心功能包括：

○ 智能需求解析：通过自然语言交互，将非结构化需求转化为可执行的开发任务。

○ 代码协同生成：基于 AGI 的代码生成引擎支持多语言混合编程，效率较传统开发模式提升 3 倍。

○ 可信安全验证：集成区块链技术确保代码可追溯性，漏洞检测准确率达 92%。

▶ 技术路径

○ 语义抽象层：在通用大模型与开发工具间构建中间层，支持跨平台代码迁移（如 Java 转 Python）。

○ 多模态 Agent 协作：分布式 AI Agent 分工执行需求分析、架构设计、代码生成。

  ○ 动态知识图谱：整合 GitHub 2.7 亿开源项目数据，构建行业级代码复用库，降低重复开发成本。

▶ 应用场景

  ○ 企业级软件开发：某电商引入 DEVNET 平台后，3 周完成传统开发模式需耗时 6 个月的跨境支付系统重构，错误率降低 67%。

  ○ 政务数字化：协助地方政府搭建智慧城市管理平台，数据处理效率提升 200%。

  ○ 教育创新：清华大学计算机系引入 DEVNET 平台后，带领学生团队 48 小时开发出疫情防控调度系统。

▶ 解决的核心痛点

  ○ 供需资源错配：全球每年因开发资源不足导致 30% 软件项目流产，DEVNET 使资源匹配效率提升 4 倍。

  ○ 人力成本高企：资深工程师日均成本超 500 美元，DEVNET 平台可替代 45% 的基础编码工作。

  ○ 技术债务累积：传统开发模式下技术债务年均增长 17%，AGI 驱动的重构方案可大幅提效降本。

▶ 项目评价

创始团队 CEO 刘洺为清华大学计算机博士，曾主导华为分布式系统架构设计，拥有 12 项国际专利；CTO 张华枫为国家级海外高层次人才，曾任蚂蚁金服区块链首席架构师。联创团队成员涵盖微软 Azure、Bybit 交易所等机构的顶尖工程师，发表国际顶会论文 60 余篇。

商业进展方面，为沃科技于 2024 年完成奇绩创坛和图灵创投等知名投资机构的种子轮融资，2025 年开始服务于辉瑞、小米等 12 家头部企业；北美市场占有率达 38%，平台注册开发者超 50 万人。

▶ 行业启示

○ 开发民主化：非技术背景用户可通过自然语言描述完成 80% 的功能模块开发。

○ 产业协同革命：平台促成开发者、企业、学术机构的三方价值闭环，代码贡献者平均收益达 1200 美元/月。

○ 伦理新范式：首创 "AI 开发伦理审查系统"，自动检测算法偏见并生成修正方案。

OpenFoundry ——大模型一键部署

▶ 产品介绍

OpenFoundry 是一个开源平台，旨在帮助工程师以 10 倍速度构建、部署和扩展其开源 AI 堆栈，实现从模型选择到大规模推理的全流程一体化体验。

○ 一键部署：通过命令行工具和一段代码即可将开源模型部署到私有云环境，部署时间缩短至数分钟。

○ 模型与数据集检索：内置模型和数据集检索，帮助开发者快速定位最佳开源资源。

○ 快速实现原型验证与模型微调：支持在短时间内完成模型微调与原型验证，加速产品迭代。

○ 一体化扩展：实现构建、部署与弹性扩容的一体化流程，使整体效率提升 10 倍。

▶ 应用场景

○ 生产环境快速部署：某初创 AI 公司使用代码将 Phi-2 模型部署至云端，平均部署时间从数日缩短至 10 分钟。

○ 原型验证与迭代：数据科学团队在 30 分钟内完成模型微调与原型构建，加速内部评审与决策进程。

○ 私有云合规部署：金融机构将开源模型安全地部署在自有云环境，满足数据隐私与合规要求，降低平台风险。

▶ 解决的核心痛点

○ 开源模型集成复杂：需手动拼凑多种组件，文档零散，API 不稳定，配置烦琐，开发效率低下。

○ 上线成本高昂：使用闭源 API，服务费用高且受限，切换开源方案成本高，从而阻碍企业采用开源 AI。

○ 部署与扩展困难：缺乏统一平台，模型部署与弹性扩展流程烦琐，运维成本高。

▶ 项目评价

○ 上线即获验证：产品发布首周已有客户将关键工作负载投入生产环境，并有多位客户表达投资意向，市场需求强烈。

○ 对标行业标杆：定位于初创企业的开源 AI 开发体验，对标抱抱脸（Hugging Face），填补了细分市场空白。

○ 背靠 YC 生态：获得 YC 支持，享有知名孵化器的资源与网络。

创始团队方面，Tyler Lehman 为 CEO 和联合创始人，曾在 Instagram 和 WhatsApp 主导开发者平台建设，服务超过 100 万人次；Arthur Chi 为 CTO 和联合创始人，曾在 Slack（一个团队协作平台）负责大规模 API 系统开发，服务客户超过 35 万；Dalton Caldwell 为 YC 合伙人，为项目提供战略指导与资源对接。

Marblism——AI 一键生成网站

▶ 产品介绍

Marblism 是一家由 YC 孵化的初创公司，致力于通过人工智能简化 Web 应用的开发过程。用户只需描述想要构建的应用，Marblism 即可自动生成完整的全栈 Web 应用，包括数据库架构、后端和前端代码。

▶ 技术路径

○ AI 自动生成：用户描述产品后，AI 自动构建数据模型，生成 Next.js 应用，包含认证、定制的 CRUD 操作[①]、权限管理、支付和邮件功能。

○ 在线工作空间：提供在线工作空间，用户可测试应用，并通过 AI 聊天或直接在 Visual Studio Code 编辑器中添加复杂功能。

○ 一键部署：当用户对应用满意后，可一键部署到生产环境。

▶ 应用场景

○ SaaS 平台：快速构建软件即服务平台。

○ 市场类应用：开发在线市场平台。

○ 社交应用：创建社交网络或社区平台。

○ AI 应用：构建人工智能驱动的应用程序。

---

① 包括创建、读取、更新和删除等基本操作。

▶ 解决的核心痛点

○ 开发复杂性：传统 Web 应用开发涉及选择框架、用户体验/界面设计（UI/UX）、项目设置、前后端集成等复杂步骤，Marblism 简化了这些流程。

○ 时间成本：通过自动化生成代码，显著减少开发时间。

○ 技术门槛：降低了非技术人员参与应用开发的难度。

▶ 项目评价

Marblism 由 Ulric Musset 和 Cyril Pluche 创立，于 2024 年 1 月在种子轮融资中获得了 50 万美元的投资。公司的 AI 驱动开发工具在 SaaS、市场和社交应用等领域表现出色，已成功生成多款应用。

○ **优势分析**

自动化程度高：通过用户的描述性话语自动生成完整应用，这一技术极大地提高了开发效率。

用户友好：用户无须具备专业、深入的编程知识即可参与应用开发工作，降低了开发门槛。

灵活性强：支持多种应用类型，满足不同需求。

○ **潜在挑战**

定制化需求：自动生成的代码可能无法满足所有特定需求，仍需人工调整。

复杂应用：对于高度复杂或面向特定行业的应用，可能需要更多的人工干预。

市场竞争：在低代码和无代码平台日益增多的情况下，如何保持竞争优势是一个挑战。

总之，Marblism 通过 AI 技术简化了 Web 应用的开发过程，为开发者和企业提供了高效、便捷的解决方案。

6 金融与法律

大模型结合 RPA 技术可进一步实现全流程自动化（如合同起草、审批、法规合规性检查等），降低人力成本 90% 以上。金融领域的智能投顾和动态定价系统显示，通过 AI 算法调整价格已在相关领域初步验证了可行性。

Meticulate——AI 驱动的业务研究自动化平台

▶ 产品介绍

Meticulate 是一家由 YC 孵化的初创公司，成立于 2023 年，总部位于旧金山。该公司开发了一种由生成式 AI 驱动的全新类型的潜在客户挖掘引擎，旨在彻底改进销售团队寻找和跟踪潜在客户的方式，从而以更快的速度和更低的成本完成复杂的业务研究任务。

▶ 技术路径

○ 生成式人工智能：利用 GenAI 技术，Meticulate 可以提供强大的潜在客户挖掘功能，帮助销售团队找到复杂的客户群体，并跟踪定制的购买信号。

○ 大语言模型管道：通过调用约 1500 次 LLM，并从约 500 个网页和数据库中提取信息，Meticulate 能够模拟分析师的研究过程，自动化地发现、研究和绘制公司地图。

▶ 应用场景

○ 销售团队：帮助销售团队找准客户，例如"专注于酒店业且在北美拥有超过 10 家全方位服务酒店的商业房地产集团"的群体，并跟踪购买信号，如"最近聘请了开发和运营（DevOps）负责人"。

○ 投资团队：为投资团队提供高效的业务研究工具，帮助团队快速构建竞争格局、市场地图和定制的公司群体分析。

▶ 解决的核心痛点

○ 提高效率：通过自动化复杂的业务研究任务，Meticulate 将原本需要数小时的任务缩短至几分钟，显著提高了工作效率。

○ 降低成本：自动化的研究过程减少了对人工分析师的依赖，降低了业务研究和分析的人力成本。

▶ 项目评价

Meticulate 自成立以来，已完成了总计 50 万美元的种子轮融资。用户反馈积极，许多销售和投资团队表示，Meticulate 显著提高了他们的工作效率，帮助他们更快地找到和跟踪潜在客户。

○ 优势分析

强大的 AI 技术：利用 GenAI 和 LLM 等先进技术，Meticulate 提供了强大的业务研究和潜在客户挖掘功能。

高效的自动化：自动化的研究过程将任务完成速度提高了 50 倍，成本大幅降低。

用户友好：直观的界面设计，使用户能够轻松地使用平台进行业务研究和分析。

○ 潜在挑战

市场竞争：随着 AI 技术的发展，市场上可能会出现更多类似的业务研究自动化平台，Meticulate 需要持续创新以保持竞争优势。

数据质量：确保从不同来源获取的数据的准确性和可靠性，对于维持平台的有效性至关重要。

用户教育：需要投入资源教育潜在用户，帮助他们充分利用平台的功能，以实现最佳效果。

总之，Meticulate 通过其 AI 驱动的业务研究自动化平台，为销售和投资团队提供了高效的工具，显著提高了他们的工作效率，具有广阔的应用前景。

Dili——简化资本市场的尽职调查流程

▶ 产品介绍

Dili 是一家由 YC 孵化的初创公司，致力于利用 AI 技术，加速高风险交易的尽职调查流程。该平台已为领先的公司处理了超过 3000 笔高风险交易，提供即时的尽职调查报告和风险提示。Dili 的目标是通过自动化尽职调查和投资组合管理工作流程，成为最可靠的平台。

▶ 技术路径

○ AI 平台：Dili 的 AI 平台能够读取数据室中的每个文件，生成相关报告，并附有置信度评分（模型对其预测结果的确定性或可靠性度量），帮助用户识别需要关注的重点内容。

○ 文件查看器：内置的文件查看器可直接高亮显示文本，方便用户快速审阅和验证信息。

▶ 应用场景

○ 税收抵免尽职调查：自动化处理与税收抵免相关的尽职调查任务，提高效率和准确性。

○ 生成房地产贷款和租赁摘要：通过 AI 技术，快速生成房地产贷款和租赁的摘要报告，节省人力和时间。

○ 支持行业尽职调查：为私募股权和私募信贷领域的公司提供尽职调查，确保投资决策的可靠性。

▶ 解决的核心痛点

○ 手动流程耗时耗力：传统的尽职调查需要大量人工投入，Dili 通过自动化减少了人力需求。

○ 数据处理复杂：面对大量复杂的文件和数据，Dili 的 AI 平台能够高效处理并提取关键信息。

○ 风险识别不足：针对这一问题，Dili 通过置信度评分和高亮显示，帮助用户更好地识别潜在风险。

▶ 项目评价

Dili 已获得 YC、Allianz、Rebel Fund 等投资机构的支持，显示出其在市场中的潜力和认可度。

○ **优势分析**

可靠性高：Dili 专注于构建最可靠的尽职调查自动化平台，确保输出结果的准确性和可信度。

用户体验优异：直观的界面设计和高效的文件处理能力，使用户能够轻松上手并快速获得所需信息。

广泛的应用领域：Dili 的解决方案适用于多个行业和场景，具有广泛的市场潜力。

○ **潜在挑战**

市场竞争：随着 AI 技术的发展，会有更多公司进入尽职调查自动化领域，Dili 需要持续创新以保持领先地位。

数据隐私和安全：处理敏感的交易数据，需要确保数据的安全性和合规性，以赢得客户信任。

技术适应性：不同客户和行业的需求各异，Dili 需要确保其平台具有足够的灵活性，以适应多样化的需求。

总之，Dili 通过其 AI 驱动的尽职调查自动化平台，为高风险交易提供了高效、可靠的解决方案，具有广阔的应用前景。

Lucite—— 一键生成项目调研报告的金融 AI 演示文稿助手

▶ 产品介绍

Lucite 是一家由 YC 孵化的初创公司，成立于 2024 年，总部位于纽约。该公司致力于为金融专业人士提供生产力软件，自动化生成投资银行风格的演示文稿和研究报告（见图 4-5）。通过自动化烦琐任务，为合作公司提供定制解决方案，节省时间和金钱。

图 4-5 Lucite 自动生成项目调研报告的案例
（来源：功能演示的生成效果截图）

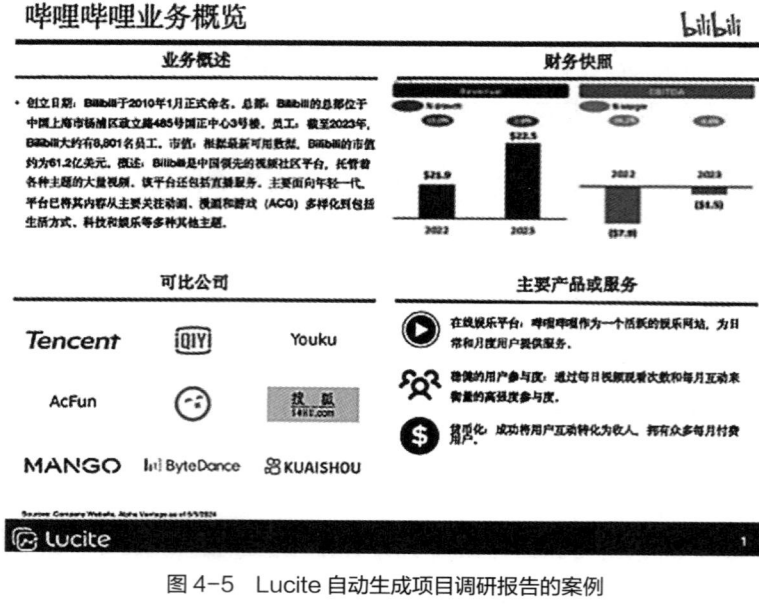

▶ 技术路径

○ 人工智能驱动的内容生成：利用先进的 AI 技术，自动创建符合投资银行风格的演示文稿和研究材料。

○ 可编辑的 PowerPoint 输出：生成完全可在 PowerPoint 中编辑的幻灯片，方便用户根据需要进行修改。

○ 数据整合与分析：整合网络和权威财务数据库中的数据，提供最新的财务数据和关于公司洞察、行业趋势的分析报告。

▶ 应用场景

○ 投资银行研究：快速生成公司简介和市场分析，用于客户推介或内部使用。

○ 投资者尽职调查：编制目标公司及其竞争环境的综合报告。

○ 企业财务报告：为高管演示创建详细的财务概览，并与竞争对手进行对比。

○ 并购交易准备：汇编买家名单和先例交易分析报告，以推动交易流程。

▶ 解决的核心痛点

○ 烦琐且重复的工作流程：财务领域的交付物创建通常是一个高度手动且耗时的过程，Lucite 通过自动化处理这些任务，节省时间和资源。

○ 数据收集与整理耗时：手动收集和整理数据需要大量时间，Lucite 可以自动整合多种数据源，提高效率。

▶ 项目评价

Lucite 自成立以来，凭借其创新的 AI 平台，相关产品在金融服务等领域展现出广阔的应用前景，收获了用户的积极评价。

○ **优势分析**

显著提高效率：自动化分解复杂任务，节省大量时间和人力成本。

精准的数据处理：高精度的数据提取和分析能力，确保信息可靠性。

定制化输出：自动生成符合公司或客户特定设计标准和品牌要求的报告。

○ **潜在挑战**

数据安全和隐私：处理敏感信息需要确保数据安全和合规性，避免泄露风险。

技术依赖性：过度依赖 AI 技术可能在系统故障时影响业务连续性。

总之，Lucite 通过其 AI 驱动的自动化平台，为金融专业人士提供了高效、精准的解决方案，显著提升了工作效率和服务质量。

Blume Benefits——健康保险经纪人的管理自动化

▶ 产品介绍

Blume Benefits 是一家由 YC 孵化的初创公司，成立于 2023 年，总部位于旧金山。该公司专为健康保险经纪人设计了一个自动化平台，旨在简化和优化经纪人在报价、续保和收入运营等方面的工作流程，帮助经纪人减少手动数据输入，提高工作效率和准确性。

▶ 技术路径

○ 任务自动化：由平台自动化处理重复性任务，如报价生成、佣金对账和演示文稿创建，减少手动操作，提高效率。

○ 供应商集成：集成 4000 多家供应商，使经纪人能够快速访问相关信息，简化工作流程。

○ AI 驱动的 PDF 解析：使用人工智能技术解析 PDF 文件，准确率高达 99.8%，减少错误，提高数据处理效率。

○ 效率提升：保单审核时间从数小时压缩至分钟级，误差率低于 0.1%。

○ 行业渗透：使劳工赔偿等复杂险种可以优先落地。

▶ 应用场景

○ 报价生成：通过自动化报价流程，快速为客户提供准确的保险方案，提升客户满意度。

○ 佣金对账：自动化佣金对账过程，确保收入准确，减少财务差错。

○ 演示文稿创建：自动生成专业的客户演示文稿，提升展示效果，节省时间。

▶ 解决的核心痛点

○ 手动数据输入耗时耗力：传统手动数据输入每周须耗费经纪人大量时间，Blume Benefits 通过自动化缩短了这一时间。

○ 数据处理错误：手动处理易导致错误，AI 技术提高了数据处理的准确性。

○ 工作流程分散：针对这一问题，Blume Benefits 将多个任务集成到一个平台中，可简化流程，提高协作效率。

▶ 项目评价

用户反馈，使用该平台后显著提高了工作效率，减少了手动操作，提升了数据准确性。

○ **优势分析**

时间节省：平均每周为经纪人节省 11 小时的手动数据输入时间。

收入增长：改进的对账工具帮助经纪人平均增加 14% 的收入。

用户友好：直观的界面设计和强大的功能使用户能够轻松上手，提高工作效率。

○ **潜在挑战**

技术依赖：过度依赖技术可能在系统故障时影响业务连续性。

初始设置：需要投入时间进行初始设置和培训，确保团队熟悉平台功能。

总之，Blume Benefits 通过其 AI 驱动的自动化平台，为健康保险经纪人提供了高效、准确的解决方案，显著提升了从业人员的工作效率和收入潜力。

Abell——AI 法律工具

▶ 产品介绍

○ **技术路径**：专注法律文件智能化审查，利用生成式 AI（如 ChatGPT 类模型）将自然语言交互融入工作流。

○ **功能核心**：合同条款比对、格式自动修正、争议风险点标注（推测基于 NLP 语义分析）。

○ **交互方式**：通过类聊天的交互界面（Chat-based UI）引导律师完成文档处理任务，减少传统工具的学习成本。

▶ 应用场景

Abell 主要服务于律师事务所合同审查环节，如并购协议、知识产权授权文件等高频法律文本的初筛与优化。

▶ 解决的核心痛点

○ **人工审查低效**：传统流程效率低下，律师需花费大量时间核对合同条款，AI 可缩短审查耗时。

○ **标准化程度低**：手动处理易因人为疏忽而遗漏关键条款（如违约责任、保密协议细则），AI 可通过规则引擎规范审查标准，避免产生类似问题。

○ **工具适配难度大**：传统法律软件功能复杂，Abell 可简化操作流程（如基于对话式交互降低了使用门槛）。

▶ 项目评价

○ **优势分析**

场景适配精准：聚焦法律行业最刚需的文档处理环节，配备明确付费方（律师事务所或企业法务部门）。

轻量化部署优势：直接嵌入现有工作流（如邮件、Office 软件），避免改造既有 IT 系统。

行业推广潜力：国内律所也在进行类似尝试，具有市场潜力。

○ **潜在挑战**

法律行业的保守性：需突破律师对 AI 审查结果的信任壁垒（例如法律效力验证详情等问题）。

可替代性风险：存在类似工具同质化竞争（市场上针对法律场景的项目多，接触点大同小异）。

合规性门槛：需符合不同司法辖区的法律技术要求（如数据存储、结果可解释性）。

Abell 体现了生成式 AI 在法律行业的"工具平权"价值——通过降低专业软件使用门槛，让中小律所也能享有技术红利。其成功关键在于保证审查精度的同时，构建与法律 IT 服务商的深度生态合作。

总的来讲，金融法律领域的 AI 应用不仅提高了风险控制和法律服务的精准性，还推动了合规管理和监管模式的革新。展望未来，随着技术不断演进和跨界融合，AI 将在构建高效、透明且智能的金融法律生态系统中发挥更加重要的作用。

7 案例分类与行业分布

通过对 YC、奇绩创坛等机构孵化的 AI 项目的梳理可以发现，当前全球 AI 创业生态可围绕基座大模型技术栈分为三个层级。

（1）基于模型优化层：围绕现成的 ChatGPT、DeepSeek 等大模型，通过给特定行业注入数据和知识，把它们培养成某个领域的专家。比如给医疗

AI "喂"大量病例和影像数据，它就能像资深医生一样精准识别病灶；给金融AI输入海量财报和风控案例，它就具备分析师的专业判断力。本质上是通过行业数据的"定向投喂"和模型结构的"瘦身改造"，让原本博而不精的通用模型，变成专攻某个垂直领域的"尖子生"。这种模式既避免了从头训练模型的巨大成本，又能快速产出贴合行业需求的智能工具。

（2）基于中间件开发层：构建连接基座模型与行业场景的工具链。中间件层解决基座模型与行业系统的集成问题。AutoFlow通过封装DeepSeek的数学推理能力，将金融报表分析、风险预测等功能模块化，供银行直接调用，部署周期从6个月缩短至2周。

（3）基于应用工具层：基于基座模型能力开发轻量化终端产品。此类产品直接面向终端用户，例如NurseBot通过调用DeepSeek语音交互模型，实现医嘱转录、患者沟通等场景的自动化，将护士每日文书工作时长减少4小时。

此外，大部分项目都有其底层逻辑。

首先是创始团队的行业认知壁垒。90%的成功案例显示，创始团队拥有垂直行业经验或技术背景，将直接影响对行业痛点的精准识别。

○ 医疗领域：某医疗项目的CEO兼具生物统计学背景与跨境医疗创业经历，这使其能同时理解临床试验的科学逻辑与商业瓶颈。

○ 工业领域：桥介数物创始团队来自施耐德电气，熟悉工业控制系统的数据接口与协议，可以避免团队陷入"技术自嗨但无法落地"的陷阱。

○ 启示：行业经验帮助团队区分"伪需求"与"真痛点"。例如，护士交接班场景的信息遗漏问题长期存在，但只有Kabilah通过实地观察，发现美国80%的严重医疗失误源于交接疏漏，从而设计出非侵入式的语音记录工具。

其次是技术适配的务实路径。AI 项目需平衡好技术先进性与场景适配性。

○ 轻量化部署：Andy AI 通过手机 App 录音生成护理记录，而非要求医院改造 IT 系统，从而降低了使用阻力。

○ 领域知识注入：Sonia AI 并非直接调用通用大模型，而是将认知行为疗法转化为对话逻辑树，确保交互内容符合心理治疗规范。

▶ AI 领域的未来趋势与成功的关键要素，通常体现在以下方面：

○ 从"工具替代"到"流程重构"：当前多数项目聚焦单点效率提升，未来需通过 AI 重新设计行业工作流（如太阳能施工队的端到端解决方案）。

○ 数据与基础设施壁垒：医疗、金融等领域需依赖高质量行业数据与专用基础设施，政府或企业主导的开放数据可能成为关键变量。

○ 定制化与开源生态：开发者工具（如低代码平台）和开源模型（如 Hugging Face 替代品）将降低 AI 应用门槛，推动长尾需求覆盖。

○ 伦理与合规性：需关注模型安全（如 Prompt Arm 的对抗攻击防护）、隐私保护（如医疗数据脱敏），以及适应行业监管。

AI 的价值不在于技术本身，而在于对行业生产关系的重构。企业决策者需深度解构自身业务流，找到那些既具备技术替代可行性又能产生经济闭环的"黄金节点"。当基座大模型的能力与行业 know-how 深度融合时，便能催生真正改变竞争格局的创新突破。从案例中可见，AI 技术本身并非企业发展的壁垒，企业真正的竞争力源于对行业本质的洞察，以及将技术转化为可持续商业模式的能力。

第三章 基于应用场景的AI创业项目

基于当前AI生态逐步完善的现状，我们将AI创业项目大致划分为以下七个主要类别，并结合实际案例进行解析，便于读者直观理解每个赛道的商业逻辑和发展潜力。

1 智能助手类

智能助手类项目依托自然语言处理、大模型对话和语义理解技术，旨在提供高效的个人或企业级助理服务。这类产品可以应用于办公自动化、客户服务、知识管理等多个领域，帮助用户完成日常信息查询、任务提醒和多任务协同管理等工作。

主要特点：

- 交互自然：通过语音、文字等多种方式实现人与机器之间的自然交流。
- 个性化服务：利用大数据和用户画像，实现定制化响应。
- 应用广泛：覆盖从企业办公助手到个人生活管家的多种场景。

典型案例：Jasper等项目通过智能写作和内容生成，实现高效文案创作；Monica等项目则侧重于提供全能型个人助理服务。

2 多模态搜索

多模态搜索项目的核心在于整合语音、图像、文本等多种数据源，通过深度学习算法实现更精准的信息检索。与传统搜索引擎相比，多模态搜索可以更好地理解用户需求,从而提供更贴合实际需求的结果。

主要特点:

- 数据整合:同时处理多种信息载体,提高搜索结果的准确性。
- 场景多样:可应用于电商、媒体、社交等多个领域。
- 用户体验优化:通过语义理解和图像识别,缩短用户查找信息的时间。

典型案例:秘塔 AI 搜索平台通过整合多种数据模式,为用户提供全景式的信息检索体验。

3 视频生成

随着短视频和影视内容消费的爆发,视频生成类项目迅速崛起。这类项目主要依托生成对抗网络(GAN)等技术,实现视频内容的自动生成与编辑,为影视、广告、社交媒体等行业提供新型创意工具。

主要特点:

- 创意迭代快:能够在短时间内生成大量视频素材。
- 成本降低:减少了传统影视制作的人工和时间成本。
- 定制化程度高:可以根据用户需求进行个性化定制。

典型案例:Runway ML 等工具通过先进的 AI 技术,实现视频生成与特效处理,为影视后期制作提供有力支持。

4 3D 生成

3D 生成项目主要聚焦于将 2D 数据转换为三维模型,应用于游戏设计、虚拟现实、工业设计等领域。这类项目不仅提升了设计效率,还大大降低了模型制作的成本,是元宇宙和数字孪生等概念的重要技术支撑。

主要特点：

- 技术先进：依托深度学习实现高精度 3D 建模。
- 应用场景广泛：涵盖游戏、影视、建筑、工业设计等领域。
- 创新驱动：推动传统设计行业向数字化、智能化转型。

典型案例：Luma AI、Kaedim 等通过将复杂的 3D 生成算法应用于实际场景，为各行业提供高效的数字化工具。

5 代码生成

代码生成项目基于大模型和自动化编程工具，为软件开发人员提供代码补全、错误检测和自动化测试等功能。这类项目不仅能够大幅提高开发效率，还为初创团队降低了技术门槛，使得非专业程序员也能快速实现产品的原型开发。

主要特点：

- 提高效率：自动生成代码，减少重复劳动。
- 降低错误率：可智能提示与优化代码，减少了开发中的常见错误。
- 跨平台应用：适用于多种编程语言和开发环境。

典型案例：GitHub Copilot、Tabnine 等工具已在开发者社区获得广泛认可，并推动了软件开发方式的变革。

6 社交 Agent

社交 Agent 项目主要围绕人与人、人与机器之间的交互体验展开。这类项目旨在通过深度学习和情感分析技术，提供更加人性化、互动性更强的智能聊天、情感陪伴和社交推荐服务，对于提高用户黏性和打造品牌忠诚度具有显著作用。

主要特点：

- 互动性强：通过自然语言处理和情感识别，实现更自然的对话交流。
- 应用多样：既可以作为个人虚拟助手，也可作为企业客服和社交工具。
- 数据驱动：依托用户行为数据不断优化对话逻辑和服务体验。

典型案例：Character.AI、Replika 等项目在用户体验和商业化探索上都取得了一定成绩，显示出社交 Agent 市场的巨大潜力。

7 AI 硬件

AI 硬件项目则将人工智能技术嵌入终端设备，为用户提供全新的交互体验。这类项目不仅包括智能音箱、穿戴设备等消费级产品，也涵盖工业自动化、智慧城市等领域的应用。随着边缘计算和物联网技术的发展，AI 硬件市场正迎来快速增长期。

主要特点：

- 技术集成：将 AI 算法与硬件深度融合，实现实时计算和响应。
- 终端体验优化：为用户提供更智能、更便捷的交互体验。
- 生态系统构建：依托平台化策略，实现硬件与软件、数据的协同创新。

典型案例：Ola Friend、LiberLive 等产品通过不断创新推动 AI 硬件市场的发展，成为新一代移动智能终端的重要代表。

为系统揭示 AI 创业的生态图谱，我们基于"技术支撑—应用场景—代表案例"三维框架，对当前主流项目进行了分类（见表 4-2）。该分类体系突出两个观察视角：其一，技术栈的差异化组合如何驱动场景创新；其二，同一技术在不同应用场景中的价值重构逻辑。

表 4-2 基于应用场景的 AI 创业项目分类汇总

类别	主要技术支撑	应用场景	代表案例
智能助手类	NLP、大模型对话	办公自动化、客户服务	Jasper、Monica
多模态搜索	图像识别、语义理解	电商、媒体、社交	秘塔 AI 搜索
视频生成	GAN、深度学习	影视制作、短视频内容生成	Runway ML
3D 生成	3D 建模、深度学习	游戏设计、虚拟现实、工业设计	Luma AI、Kaedim
代码生成	自动化编程、大模型	软件开发、自动化测试	GitHub Copilot、Tabnine
社交 Agent	NLP、情感分析	智能客服、社交互动	Character.AI、Replika
AI 硬件	边缘计算、物联网集成	智能终端、工业自动化	Ola Friend、LiberLive

通过横向对比可以发现，AI 创业正在形成"需求牵引创新，场景定义技术"的新型发展范式。智能助手类项目通过 NLP 技术解构传统工作流，在办公自动化场景中实现人机协作范式升级；而 3D 生成类项目则将深度学习与建模工具结合，重新定义了数字内容生产边界。特别值得注意的是社交 Agent 领域的突破——Character.AI 等案例证明，当情感分析技术与社交需求深度耦合时，技术工具可进化为具备情感价值的生产力要素。

通过上述分类不难看出，不同类别的项目各有侧重，但都围绕着提升效率、降低成本、优化用户体验和创新商业模式这些核心目标展开。对于创业者而言，正确识别自身在这些领域中的定位，并结合实际市场需求选择适合的创业方向，是成功的关键所在。

第四章 如何抓住AI时代的红利和机遇

1 AI时代下创业的三大机会

AI技术的高速迭代正在重构商业竞争的底层逻辑。对于创业者而言，抓不住技术红利就会被时代淘汰，但盲目追逐技术热点同样可能陷入概念泡沫。对于企业管理者、创业者以及数字化转型负责人而言，如何借助新兴技术重塑商业模式、捕捉创业机会已成为摆在面前的重大课题。本章将从技术红利、垂直行业的认知、诀窍（know-how）重构及AI原生产品价值锚点与生态构建三大机会，阐释在人工智能浪潮中如何构建符合"多快好省"理念的商业模式，剖析新旧商业逻辑的传承与变革。

第一大机会：技术红利的窗口期

技术窗口期的本质是"趁早卡位，赚认知差的钱"。在AI领域，这一规律尤其显著——早半年入局者和晚半年入局者的生存概率天差地别。2007年，iPhone的发布彻底改变了通信和娱乐的方式，催生了手机应用的爆炸式增长，其中"汤姆猫"等应用不仅仅是娱乐工具，更代表着移动互联网时代的新型应用模式。依赖于开放的操作系统和低成本硬件，移动端技术实现了从PC互联网到移动互联网的质的飞跃。而今天，AI技术的普及为创业者提供了类似的窗口期：在这段"红利期"内，谁能像当年"汤姆猫"那样抓住技术突破的契机，谁就有可能成为行业标杆，甚至引领下一波商业革命。

移动互联网时代的"汤姆猫"应用，借助智能手机这一全新载体，重新定义了用户体验和商业模式，突破了传统 PC 互联网时代的技术限制。如今，在 AI 时代，创业者不仅要关注大模型和算法本身，更要注重如何将这一新技术转化为原生应用，真正实现从技术到产品、从理念到市场的跨越。也就是说，企业在利用技术红利时，要具备敏锐的市场嗅觉，懂得在"低成本、快迭代"的前提下，将技术优势转化为用户认可的产品价值。

▶ 案例拆解：Midjourney 的启示

当 Midjourney 在 2022 年凭借 AI 绘画引爆市场时，早期玩家通过以下路径收割红利。

○ 套利思维：率先用 AI 生成服务填补市场空白（如影楼写真、商业插画等还未被 AI 改造）。

○ 流量放大器：将 AI 产出内容作为营销素材（如用 AI 原创图片吸引社交媒体流量）。

○ 生态协同：工具普及后快速进阶为解决方案商（如用 AI 定制企业品牌视觉库）。

这一阶段的创业者需要具备"工具思维"：

○ 快速试错：以周为单位测试 AI 工具组合（如 DeepSeek+ComfyUI）。

○ 低杠杆投入：在小圈层验证需求（如用 AI 低成本生成的产品快速推广至用户）。

○ 滚雪球策略：将早期用户转化为传播节点。

第二大机会：垂直行业 know-how 重构

在垂直行业中，传统企业往往拥有多年沉淀的专业知识和操作流程，但这些固有优势在信息化和智能化浪潮面前可能成为"双刃剑"。借助 AI 技术，企业有机会打破行业内的经验壁垒，通过数据驱动的决策支持、流程再造和智能化服务，实现传统业务的重构与升级。

以医疗、金融和制造业为例，过去这些行业依赖于人工经验判断和手工流程，效率低下且易受人为因素影响。而如今，通过整合 AI 算法与大数据分析，企业能够建立起更加标准化、可量化的业务流程，既保证了专业性，又可大幅提升运营效率和服务质量。正如前面章节中提到的案例，利用 AI 进行流程拆分与优化不仅能实现降本增效，还能构建全新的竞争壁垒，从而在激烈的市场竞争中取得领先地位。

另外，这一过程也要求企业管理者具备跨界整合的能力，既要懂得技术，又要熟悉行业运作，只有将这两方面有机结合，才能真正实现垂直行业的智能重构，形成难以复制的核心竞争力。

当技术红利期褪去后，真正的赢家往往是那些"深扎行业基因"的团队。AI 对垂直行业的改造本质是用数字化重组行业知识图谱。

第三大机会：AI 原生产品的价值锚点与生态构建

与传统产品不同，AI 原生产品从设计之初便融入数据智能的基因，具备更高的灵活性和用户黏性。这种产品不仅依靠单一功能取胜，更在于其整体生态的构建与价值链的延展。企业在设计 AI 原生产品时，应从"用户体验""数据反馈"与"生态协同"三个维度出发，寻找创新的价值锚点，形成差异化竞争优势。

例如，在在线教育、智能客服和精准营销等领域，AI 产品能够实时学习用户行为，根据不断更新的数据反馈进行自我迭代，从而持续提升服务质量。这种持续优化的机制，不仅降低了用户流失率，也为企业带来了长期稳定的收益模式。由此，企业需要构建起围绕 AI 产品的全生态链，整合上下游资源，实现技术、产品、渠道和服务的深度融合，形成闭环式的商业体系。

当技术创新进入深水区，价值锚点的迁移将成为决胜关键，传统的产品衡量标准正被重新定义。

▶ 突围路径

○ 反效率逻辑：从"解决问题"转向"创造需求"（如某 AI 艺术团队故意保留 0.3% 的生成缺陷，反而激活了用户的创作欲）。

○ 边缘突围法：专攻大企业忽视的柔性需求（如某跨境电商的阿拉伯语客服 AI）。

○ 价值同盟体：与客户共建 AI 运营模式（如某工厂与 AI 服务商按良品率提升比例分成）。

表 4-3 是对三大机会做出的简要归纳。

表 4-3 三大机会总结

创业机会类别	核心特点	关键策略
技术红利的窗口期	低门槛、快启动、抢占先机	敏捷迭代、低成本投入、迅速反馈
垂直行业 Know-how 重构	专业知识与流程优化	行业深耕、整合智能技术、流程再造
AI 原生产品的价值锚点与生态构建	用户体验与数据智能高度融合	原生设计、生态构建、价值增值

2 回归本质：从"多快好省"看产品设计

在当下的数字经济背景下，最好的 AI 产品设计是让用户感知不到 AI，却能享受到 AI 创造的增量价值。因此，需回归商业本质：用"多快好省"重构产品逻辑。换句话说，用户感知不到技术本身，却能体验到产品带来的高效、便捷和价值提升。对于当前正处于转型关键期的各行各业而言，这一理念尤为重要。正因如此，很多专家学者都主张企业在设计产品时应回归商业本质，以"多快好省"为核心指标，重新构建产品逻辑和运营模式。

"多快好省"这一理念原本是针对传统商业和新零售领域提出的评价体系，该体系涵盖了产品种类的丰富性（多）、响应速度（快）、服务品质（好）和成本优势（省）四个方面。只有将这四个维度做到极致，企业才能在激烈竞争中形成真正的核心竞争力。在当今 AI 技术不断普及的背景下，这一理念同样适用于 AI 产品设计，只不过在具体实施上需要进行新的解读和整合。

"多"——产品功能与服务的丰富性

在产品设计中，"多"不仅意味着提供多样化的功能和服务，更强调产品能否覆盖更多用户场景与满足用户更多需求。传统产品设计常常局限于单一功能，而在今天，用户需求日趋多元，产品要想长期保持市场竞争力，就必须具备丰富的扩展性和多场景适应能力。

在 AI 产品领域，这一点尤为明显。例如，智能客服系统如果仅仅局限于回答常规问题，很难满足用户日益复杂的需求；而通过引入多种对话模型、情感识别和场景适配技术，不仅可以为用户提供精准解答，还能根据不同情境主动推荐服务，从而形成一个多层次、多维度的服务体系。正如很多投资人所强调的，产品要实现"多"的核心在于不断扩展产品边界，整合内外部资源，从而使得产品能够覆盖更多用户需求，构建完整的生态体系。

"快"——响应速度与执行效率

"快"是指在产品交付、用户响应以及市场反馈等方面都能迅速实现。传统商业场景中，响应速度往往受到流程、沟通和组织架构的限制，而在数字化管理下，通过数据驱动与智能调度，企业可以大幅缩短响应时间，从而更快地满足用户需求，抢占市场先机。

在 AI 产品设计中，速度的体现不仅在于技术处理的高效（如数据处理和模型推理的实时性），更在于产品设计和服务流程的简化。例如，一个智能推荐系统如果能够在用户点击的瞬间给出精准推荐，将极大提升用户体验；又如，智能物流调度系统若能够根据实时数据快速做出调整，就能保证配送的及时性。很多投资人指出，技术革命的浪潮中，速度往往成为最直观、最关键的竞争指标。

为了确保产品在"快"的维度上取得突破，企业可以从以下方面着手。

- 技术优化：采用高效算法和快速迭代的模型，提高数据处理和决策效率。
- 流程重构：通过精简操作步骤和优化用户界面，缩短用户等待时间和降低操作成本。
- 实时反馈：建立完善的数据监控系统，实现用户行为的实时跟踪和反馈调整。

"好"——保证品质与提升用户体验

"好"主要体现在产品和服务的品质上，包括稳定性、可靠性以及整体用户体验。无论技术如何先进，如果最终用户体验不佳，产品终将难以留住用户。最佳的产品设计要想做到"好"，就得让用户的体验达到甚至超越预期。

AI 产品的品质不仅仅体现在模型准确率或系统稳定性上，还体现在产品的交互设计、服务流程和细节打磨上。例如，智能家居系统如果在用户操作时出现卡顿或错误反馈，便会严重影响用户对整个产品的信任度。而通过优化交互设计、加强系统稳定性测试，就能够确保每一次用户操作都流畅自然。很多投资人强调，只有将技术优势与优质体验相结合，才能形成真正的核心竞争力。

具体来说，在提升"好"的维度时，企业应关注以下要点。

- 用户体验设计：界面简洁，操作直观，确保用户能够轻松上手。
- 品质监控机制：建立严格的测试和监控体系，确保产品在各种场景下均能保持高品质。
- 持续迭代升级：利用用户反馈和数据分析，不断改进产品功能和服务细节，形成良性循环。

"省"——成本控制与效率提升

"省"是指通过优化资源配置、降低成本投入，实现产品运营成本和用户使用成本的双重降低。传统企业在规模化生产和服务中往往面临固定成本较高的问题，而在数字化转型时代，新型企业则通过智能化管理和平台化运营，有效实现成本优势。成本控制不仅是企业盈利的重要保障，更是构建竞争壁垒的重要手段。

在 AI 产品领域，"省"主要体现在以下方面。

- 技术成本降低：随着计算资源和数据平台的普及，越来越多的企业可以较低成本使用高性能 AI 工具，降低了技术投入的门槛。
- 运营成本优化：通过自动化流程和智能管理系统，实现人员、时间和资源的高效利用，显著降低了运营支出。

○ 用户成本节约：优化产品设计，让用户在享受增值服务的同时，能够明显感受到价格优势和使用便捷性。

为了更直观地展现，我们对"多快好省"在AI产品设计中的实际应用进行如下归纳说明（见表4-4）。

表4-4 "多快好省"在AI产品设计中的实际应用

维度	核心要求	具体应用举措
多	丰富产品功能、覆盖多场景	模块化设计、开放接口、提供场景化解决方案
快	高效响应、实时反馈	技术优化（高效算法）、流程重构、建立数据实时监控系统
好	稳定品质、优化用户体验	提升用户体验设计、严格品质检测、持续迭代基于用户反馈的机制
省	降低运营及使用成本、提升资源利用率	技术平台共享、自动化管理、智能调度系统、精准数据分析、降低不必要开支

▶ 应用案例与思考

以智能客服为例，传统客服系统往往需要大量人工干预，既费时又易出错。引入AI后，系统能够自动分析用户问题、提供即时解答，同时根据交互记录不断优化自身算法，从而实现以下转变。

○ 多：系统不仅能回答常规问题，还能根据用户提问背景自动推荐相关服务，实现服务种类的扩展。

○ 快：利用大数据和高效算法，客服响应时间从几分钟缩短到几秒钟，大大提升了用户满意度。

○ 好：通过不断学习和优化，系统回答准确率不断提高，使用户体验趋于完美。

○ 省：降低人工客服比例，减少人力成本，同时由于智能推荐提升了转化率，也使得企业整体运营效率提高。

类似的案例在金融风控、智能营销、在线教育等领域也有广泛应用。通过"多快好省"这一核心理念，企业能够将 AI 技术的优势转化为实际的商业效益，使用户感受到服务的高效与便捷。

3 AI 行业下的 2B 与 2C 模式

两种模式的差异

▶ 目标用户的本质差异

在商业领域，2C 和 2B 的模式有着截然不同的目标用户结构。2C 模式的消费者通常是单一主体：使用、决策和买单均由同一人完成。而在 2B 领域，一个企业的采购往往涉及多人决策和多人使用，即使是最小的夫妻店，也需要夫妻双方协商后才做出购买决策。

这种区别决定了两种模式的营销和产品推广策略截然不同。对于 2C 企业来说，平台的推广主要依赖于流量红利和大众媒体的覆盖，而传统消费互联网往往依赖搜索引擎、社交媒体等方式来吸引单一决策人。而 2B 企业的关键在于找到企业内部的"关键人"（Key Person），这些人不仅能决定产品的采购，也会直接影响后续的使用效果和续费意愿。正因为决策过程涉及多个层级与多个角色，传统的流量模式往往难以精准触达目标群体，甚至有可能导致"流量浪费"与"营销盲区"。

例如，许多成功的企业互联网平台早期并不依赖消费互联网的流量池，而是通过线下拜访、专业展会和定制化服务，直接锁定目标企业中的采购经理、运营主管及高层决策者。这样既避免了"给大平台打工"的被动局面，也在资本投入相对较低的情况下，获得了极高的客户黏性和后续复购率。

▶ 快速切入市场的策略差异

尽管 2B 与 2C 模式在目标客户和产品特性上存在显著差异，但都要求企业在市场切入阶段迅速建立核心竞争力。总结来看，两种模式在快速切入市场时各有侧重。

○ 对于 2C 产品来说，关键在于精准定位，加强用户体验和品牌传播。企业应快速搭建线上营销渠道，通过用户激励和社交媒体裂变，迅速占领市场细分领域，并根据数据反馈不断优化产品功能与服务流程。

○ 对于 2B 产品而言，企业需要依托产业生态构建整体解决方案，通过试点示范和战略合作建立口碑，同时完善销售和客户服务体系，缩短复杂的销售周期，逐步扩大市场份额。

2B 模式的特点

▶ 决策流程与多账户体系的构建

2B 交易的一个显著特点在于，企业内部的使用者和决策者往往是分离的。单个企业可能存在多个部门、多个决策链条，甚至关键决策人之间的意见也不统一。这就要求产品在设计时必须考虑多账户体系，即不仅要提供普通员工使用的"操作账户"，还需要设立决策层专用的"主管账户"或"母账户"，实现信息的分级管理和权限控制。

这种多账户体系不仅有助于平台对客户行为进行精准监控，也为后续的服务跟踪和续费管理提供了数据支持。比如，通过对"子账户"的使用频率、操作行为和反馈数据进行汇总，平台可以自动生成报告，提示企业高层及时了解员工的使用情况，避免因内部沟通不畅而导致产品价值未能充分发挥。此时，这一体系还能防止用户信息外流，确保客户关系的稳定性。

这种精细化管理模式使得 2B 平台能够针对不同角色设计不同的功能与服务，从而在低频交易中构建高频的客户黏性，推动长期合作关系的建立。

▶ 低频交易与高频服务的双重逻辑

与 2C 模式中用户频繁的日常消费不同，2B 交易本质上属于低频行为。一个企业的采购决策通常是周期性的、计划性的，甚至有中远期属性。这意味着仅仅依靠单次交易所带来的收入难以形成持续稳定的商业模式。为了弥补这一不足，成功的 2B 平台必须在低频交易之外构建高频服务体系，通过社区、资讯和工具等增值服务，实现持续价值输出。

○ 社区建设：连接决策者与使用者

企业互联网平台必须搭建一个高黏性的企业家社区。这一社区不仅是信息交流的平台，更是企业间建立信任和共享经验的场所。通过线上论坛、线下沙龙、专业培训等多种形式，平台能够与企业的决策者、采购负责人以及具体业务操作人员保持长期互动和信息共享，从而提升客户对平台的依赖性。换句话说，虽然单次交易并不频繁，但通过社区服务，平台可以定期接触客户，持续传递产品优势和行业资讯。

○ 资讯服务：提供定制化行业数据和动态

在低频交易的背景下，企业对行业动态、政策变化和市场预测的关注尤为强烈。平台应当利用自身的数据资源和行业经验，为客户提供精准、实时的资讯服务。这不仅能够帮助客户做出更合理的采购决策，也能通过数据报告、行业分析等形式，强化平台的专业形象，提高客户对平台的信任度。与消费类产品不同，2B 客户关注的是企业效率和成本控制，只有精准的资讯才能真正为客户带来"省"的效应。

- 工具支持：从软件到服务的全流程管理

工具服务是 2B 平台实现高频触达的重要手段。无论是 ERP 系统、CRM 管理工具，还是专门针对采购流程设计的定制化软件，都是帮助企业提升内部管理效率、降低运营成本的重要工具。这些工具不仅能在交易前期为企业提供方案评估，还能在交易后帮助企业进行效果追踪和绩效分析，真正实现"快"与"好"的双重提升。通过整合工具服务，平台可以把低频的采购决策转变为一整套持续优化和提升的管理流程，从而让客户在使用过程中感受到明显的增值效应。

综合来看，低频交易与高频服务的模式，为 2B 平台构建了一条完整的价值链：从初次接触、沟通咨询，到交易落地，再到后续的持续服务和优化管理，每个环节都能为客户创造实际的"多快好省"的价值。

战略布局与稳健增长的吸引力

在消费互联网领域，获得百亿元市值的企业通常需要巨额资本投入，平均融资额可能达到数十亿元甚至上百亿元，资本回报率比大约为 1∶5。而在产业互联网领域，由于交易的低频和高复购率，资本消耗相对较低，优秀的产业互联网公司融资额往往在数亿元左右，资本回报率可以达到 1∶25 甚至更高。

这种显著的差异表明，产业互联网对资本的需求较低，但成长周期较长，通常需要 7 至 12 年甚至更长的时间才能达到上市阶段。然而，正因为其较低的资本消耗和高用户黏性，一旦进入市场，护城河会更深，企业抗风险能力更强，能够在存量时代中长期稳固发展。

因此，2B 模式在资本市场中的吸引力不仅体现在短期内的盈利能力，更在于其长期的战略布局和稳健增长。平台在制订发展规划时，应充分考虑这一特性，通过聚焦核心客户、构建生态圈和优化成本结构，实现从初期"先富"到最终"共赢"的战略目标。

总体来说，在 AI 行业中，2C 模式和 2B 模式各自具有独特的商业逻辑和实施路径。2C 模式侧重于精准定位、用户体验和品牌裂变，适合在短时间内快速占领消费市场；而 2B 模式则依托产业链整合、定制化解决方案和长期合作，适合在系统性工程和大规模项目中建立稳固地位。企业在制定战略时，必须深刻理解这两种模式的内在逻辑，从而因地制宜地采用不同的切入策略，并在产品设计、营销推广和运营管理等各环节实现高效协同，最终将技术优势转化为可持续的商业价值。2C 模式以单一消费者为核心，依靠海量流量和高频消费实现快速增长；而 2B 模式则聚焦于企业内部复杂的多决策体系，通过精准触达关键人和构建高频服务生态，实现长期稳定发展。

为了在 2B 市场中迅速切入并占据先机，企业必须抛弃传统的消费互联网打法，不再依赖于单纯的流量红利，而是通过深度的线下地推、精准的客户管理和专业的增值服务，实现从"低频交易"到"高频互动"的转化。

未来，随着产业互联网的不断成熟和市场对专业化服务的需求不断提升，2B 平台将迎来黄金发展期。企业不仅需要在产品和服务上做到"多快好省"，更应在渠道建设、客户管理、金融服务等方面全面布局，构建起不可复制的竞争壁垒。在这个过程中，只有那些既能精准识别目标客户，又能持续输出高频价值的企业，才能在激烈的市场竞争中脱颖而出，实现长远发展。

4　数字化盈利模式

数字化盈利模式，是指企业通过数字化工具和平台，将传统的产品和服务流程进行重构，实现成本、收入和价值链的全新组合。对于当下的服务行业而言，这一模式不仅改变了传统的销售和服务方式，更通过数据驱动、自动化运作以及网络效应，实现了商业模式的深度升级。其核心价值在于：通过重构成本结构和收入模式，企业能够以更低的资本消耗，实现更高的收入预期与长期稳健增长。

数字化盈利模式的战略意义

○ 提高收入：通过订阅、周期性服务等方式，将一次性项目收入转化为稳定的经常性收入，降低新客获取风险。

○ 改善成本结构：通过软件和数据服务取代传统的人力服务，降低边际成本，提升整体毛利率。

○ 实现规模化扩展：数字化平台可利用网络效应和自动化流程，实现业务规模的非线性增长，资本效率大幅提高。

○ 增强客户黏性：借助数据分析与持续服务，形成高留存、高复购的客户生态，构建难以复制的护城河。

成本结构与收入结构的重构

传统的项目制模式在服务行业中普遍存在项目周期长、收入波动大、现金回款周期长等问题。企业通常需要投入大量的人力、物力来执行单个项目，且项目完成后很难产生持续的收入。而数字化盈利模式则通过重新设计成本和收入结构，形成了可持续、可扩展的商业模式。

▶ 成本结构的数字化转型

在传统模式中，企业主要面临以下几类成本：

人工成本：项目实施、售后服务、定制化需求均需大量人工投入，且服务质量难以标准化。

物流及管理成本：项目交付过程中涉及物料、外部协作及管理费用，成本难以控制。

研发及技术投入成本：为了满足定制化需求，研发费用占比较高。

而在数字化盈利模式下，企业通过 SaaS 平台和自动化工具，可将这些成本进行重构。

边际成本降低：软件产品一经研发投入后，其复制成本几乎为零，用户数量的增加不会等比例增加成本。

标准化服务：通过统一的系统和平台，实现流程标准化，减少个性化定制产生的额外成本。

自动化运作：利用大数据和云计算技术，降低人工干预需求，优化内部管理，提升整体运营效率。

▶ 收入结构的数字化升级

收入结构的重构，是数字化盈利模式实现商业价值的核心所在。传统的项目制模式往往以单次合同为主要收入来源，缺乏持续性和稳定性。而数字化盈利模式则通过订阅、增值服务及平台生态，构建经常性收入体系，从而提高了收入（见表 4-5）。

表 4-5 传统项目制模式收入与数字化盈利模式在收入结构上的差异

收入模式	收入稳定性	客户转化率	收入扩展性	资金流稳定性
传统项目制模式	低：依赖单次项目，收入波动大，客户续签难	较低：每个项目需重新开发关系，客户黏性不足	受限：项目完成后，后续收入有限，扩展空间小	不稳定：项目周期长、回款周期长，存在资金压力
数字化盈利模式（SaaS、平台等）	高：订阅制收入固定，经常性收入稳定，易于预测	高：平台生态和增值服务形成高留存率，客户转化率和复购率更高	强：通过增值服务和平台扩展，可以不断实现交叉销售和内部增购	稳定：订阅收入提前预收，现金流平稳，资本效率高

数字化盈利模式主要有以下几种收入来源。

订阅制收入：客户按月或按年支付使用费，形成固定的年经常性收入和月经常性收入（MRR/ARR），这部分收入具有极高的可预期性和客户黏性。

增值服务收入：在基础产品之外，通过数据分析、专业咨询、个性化定制等增值服务，进一步增加客户消费，提高整体毛利。

平台撮合收入：通过搭建开放平台，连接上游供应商与下游企业，收取撮合佣金或交易服务费，这种模式在大数据和供应链金融的赋能下，能实现跨行业的低成本扩展。

金融服务收入：数字化平台可以嵌入供应链金融等服务，通过预付、账期管理等方式，将金融服务与产品销售相结合，可降低客户流失风险，提升资本效率。

以下是一个假设案例，用以说明两种收入模式在盈利上的差异及数字化盈利模式的价值。

有两家提供企业服务的公司，2025年确认财务收入均达到1亿元，但分别采用传统项目制模式和数字化订阅制模式。

A 公司（传统项目制模式）：主要服务于现金回款周期长、账期复杂的企业客户，收入依赖于单次项目合同。其业务模式需要 6 个月的销售周期和 6 个月的定制化实施周期，客户签订新项目需重新谈判。

B 公司（订阅制 SaaS 模式）：服务于互联网行业客户，采用"先付费后使用"的订阅模式，销售周期仅 3 个月，并配备相关团队以持续提升客户黏性。2025 年其净收入留存率达到 120%。

尽管两家公司均实现了 1 亿元的年收入，但在 2026 年冲刺 2 亿元收入目标时，其路径和资源投入差异显著。

▶ A 公司的困境

○ 收入扩张依赖增量合同：需签订 3 亿元新合同才能覆盖目标，且需配备两倍于现有规模的交付团队。

○ 现金流压力加剧：由于客户回款周期长达 12～18 个月，公司需提前垫付大量人力及运营成本，资金周转效率低下。

○ 客户续约存在不确定性：客户签订新项目需重新谈判，历史数据显示客户续约率仅为 60%，收入增长可持续性较弱。

▶ B 公司的优势

○ 收入结构以留存为基础：2025 年存量客户在 2026 年可贡献 1.2 亿元收入（基于 120% 的净收入留存率），仅需新增 8000 万元收入即可完成目标。

○ 现金流前置：订阅模式要求客户预付全年费用，合同签订后即可确认现金收入，没有垫资压力。

○ 规模化复制能力：标准化产品叠加团队服务，使得新客户拓展成本边际递减，交付团队规模仅需增长 30%。

从上述案例可见，数字化订阅模式通过"预付费+高留存"的机制，显著降低了收入扩张的边际成本与现金流风险。A 公司虽合同金额高，但需持续投入资源获取新客户，且收入确认滞后；而 B 公司通过留存客户的复购与增购，以更轻量的资源实现规模化增长。这种差异将在资本市场中进一步放大：订阅制企业的估值通常为其收入的 8～10 倍，而传统项目制企业的估值仅为其收入的 2～3 倍，前者的收入和可持续性更受认可。

总的来说，数字化盈利模式通过预付费订阅与客户成功体系（类似客户售后体系），将收入增长模式从"资源密集型"转变为"运营驱动型"，在现金流效率、资本杠杆率和估值逻辑上构建了结构性优势。这一模式尤其适用于高竞争、快迭代的行业，成为企业在数字化转型的核心竞争力。

数字化盈利模式与 AI 大模型的融合

在当前 AI 大模型技术逐步普及的背景下，数字化盈利模式进一步获得了技术赋能。虽然从用户角度看，AI 大模型的复杂性往往被隐藏在系统后台，但其对商业模式的推动作用不容忽视。通过 AI 大模型技术，企业可以实现数据自动采集、智能分析和精准决策，从而进一步提升效率和产品质量。

▶ 数据驱动的运营优化

AI 大模型技术可以对海量数据进行高效处理，帮助企业实现实时监控与智能分析。平台可以根据客户行为数据、使用习惯和反馈信息，快速调整产品功能和服务策略。这种数据驱动的运营模式，不仅使得收入结构更加稳定，同时也大大降低了获客成本和客户流失率。比如，通过对客户续费、增购等数据进行精细分析，平台能够准确预测未来的 ARR 和 MRR，为企业制定科学的业绩目标和战略规划提供数据支持。

▶ 自动化与智能化服务

借助 AI 大模型的算法能力，企业可以实现产品和服务的自动化。例如，在智能办公、企业协同等场景中，通过自然语言处理和机器学习技术，平台可以自动生成数据报告、完成客户跟踪，并实时监控系统健康状况。这种自动化服务不仅降低了人工干预成本，也使得客户体验更加顺畅，真正实现了"技术隐形"带来的高附加值体验。此时，系统自动化的优势还在于可以大规模复制，使得企业在扩展用户规模时，不会出现成本急剧上升的问题。

▶ 构建生态平台

AI 大模型技术还为平台生态的构建提供了有力支撑。通过整合各类数据资源和第三方服务，企业可以打造一个开放的数字生态圈，实现跨行业、跨区域的资源整合。这种平台化战略不仅使得企业自身的盈利模式更加多元化，同时也为客户提供了更为全面的解决方案。从供应链金融到行业资讯，再到专业工具和定制化服务，数字化平台可以覆盖客户在各个环节中的需求，实现全链条价值提升。

关键指标与盈利模式评价体系

对于数字化盈利模式的实际应用效果，关键指标的监测和评价起着至关重要的作用。在 SaaS 领域，常见的指标包括 ARR、MRR、收入留存率（Net Dollar Retention）以及销售效率。这些指标不仅直接反映了企业的盈利情况，也是资本市场对企业估值的重要依据。

▶ 订阅收入的优势

订阅制模式下，企业能够提前锁定客户的长期使用意愿，从而通过周期性收入形成稳定的现金流。这部分收入具有高度的可预期性，哪怕在经济波动的情况下，也能为企业提供稳固的基础收入。对比之下，项目制模式则存在合同收入与实际回款之间数额差距大的问题，导致企业在现金流方面存在不确定性。

▶ 收入留存与增购能力

数字化盈利模式的核心竞争力之一在于其高留存率和增购能力。一个优秀的企业服务平台，能够通过持续的产品升级和增值服务，使得原有客户在后续周期内不断为平台增加新的收入。收入留存率是衡量这一点的重要指标，其计算方式为：分子为某一批客户在当前周期内的经常性收入，分母为同一批客户在上一周期内的经常性收入。留存率高于100%意味着客户不仅续约，还在原有基础上实现了增购，这对企业未来的增长预期具有极高的指示意义。

▶ 销售效率与客户获取成本

在数字化盈利模式中，销售效率是另一个重要指标。较低的客户获取成本与较高的客户生命周期价值之间的合理比例，是平台实现盈利的基础。通过数据监控，企业可以分析每一笔销售投入的回报情况，从而优化营销策略，确保销售团队的投入能够迅速转化为稳定的订阅收入。尽管初期的推广成本可能较高，但一旦客户进入平台后，通过高留存率和增购效应，就能在长期内形成显著的资本回报。

未来，随着技术的不断进步和市场的逐步成熟，数字化盈利模式将在更多行业中得到广泛应用。企业将借助大数据、云计算和人工智能等手段，进一步提升运营效率，实现跨界整合和生态共建。此时，平台化战略、供应链金融和多渠道精准营销等新兴模式，将不断推动企业服务领域向更高质量、更具可预期性的方向发展。

在资本市场上，投资者越来越重视企业的经常性收入、收入留存率和现金流稳定性，这也促使更多企业服务平台主动转型，构建数字化盈利模式。对于创业者而言，选择并坚持数字化盈利模式，不仅能带来更高的估值溢价，也能在激烈的市场竞争中稳固自身地位，助力企业实现从"先发优势"向"持续领先"的转变。

总之，数字化盈利模式不仅是技术变革的产物，更是商业模式创新的必然选择。实现数字化盈利的关键在于企业如何精细化管理自身的成本结构和收入结构，如何通过数字化工具实现服务标准化和流程自动化，以及如何构建一个既能满足企业内部多层次需求，又能持续输出高频服务的综合生态体系。只有做到这些，企业才能在大模型赋能的数字经济时代中，既实现资本效率的提升，也为客户创造出"多快好省"的价值。

5 从历史规律看当前商业机遇

一家企业犹如一座庞大的冰山。冰山上露出的部分是企业短期内的销售数据、用户增长和市场热度，但真正决定一家企业长期竞争力和价值的，却是隐藏在冰山下那不可见的技术积累、产业协同和商业模式革新。站在未来的视角回望现在，我们可以发现：每一次技术革命都不仅仅会带来表面的产品升级，还会更深层次地重塑整个商业生态。

历史浪潮与商业机会的本质逻辑

从 20 世纪中叶到今天，我们经历了 PC 互联网、移动互联网，再到当下初步成形的物联网浪潮（见图 4-6）。这三次浪潮各自推动了技术和商业模式的深刻变革。PC 互联网时代，以大型计算机和个人计算机为代表的技术突破，为企业内部信息化铺就了道路；移动互联网时代则借助智能手机与开放平台，让信息与服务走向大众，实现了用户互动和商业生态的重构；而物联网时代，则标志着各类设备、终端乃至传统产业开始实现互联互通，数据成为贯穿各环节的关键资产。这三次浪潮给我们的最大启示是：商业机会并非偶然出现，而是底层技术变革、应用场景重塑与产业协同的必然产物。

模式创新进入新周期，数字经济下万物皆智慧

- 第一次浪潮：PC互联网
- 第二次浪潮：移动互联网

技术+模式创新；
解决信息不对称问题，创造了新信息中介

- 农业时代 - 资产是土地 圈地运动
- 工业时代 - 资产是工厂、设备、石油
- 智能时代 - 资产是数据、算力、算法

明知识
——人类可掌握的技术

- 第三次浪潮：物联网浪潮

智能+协作创新
从大数据感知计算到决策问题能力
解决了协作摩擦，创造了新价值中介

暗知识
——机器自学习的技术

图 4-6　数字经济下的三次浪潮

时光机理论：借鉴历史，预见未来

孙正义提出的时光机理论核心在于通过历史经验来预见未来的商业趋势。他认为，在科技发展的历程中，许多创新和技术首先在发达国家兴起，然后逐步向发展中国家扩散。在这一历程中，发展中国家能够观察到发达国家已经走过的道路，并从中汲取经验和教训。

这个理论提醒我们，成功的商业模式不是凭空出现的，而是建立在对历史经验的深刻理解和对未来趋势的准确预判之上。创业者应当学会从历史中汲取营养，再结合 AI 大模型时代的独特优势，寻找出最适合自己的发展

路径。

时光机理论不仅强调了历史经验的重要性，还鼓励创业者保持开放的心态，勇于尝试新的技术和商业模式。在快速变化的科技领域，只有不断学习和创新，才能在激烈的竞争中脱颖而出。

AI 大模型时代的跨界整合新机遇

在 AI 大模型时代，技术不再仅仅是工具，而是能够深度重塑产业结构和商业模式的重要手段。大模型技术通过对海量数据的处理和智能化决策，能够为各行各业提供精准的解决方案。这一技术赋能不仅使得产品更加智能，也使得跨界整合成为可能。

▶ 智能决策与数据整合

利用 AI 大模型技术，企业可以对海量数据进行快速分析，发现不同领域之间潜在的关联性。例如，通过整合生产数据与供应链物流数据，企业可以提前预测市场需求，优化库存管理，从而降低运营成本。数据驱动的智能决策不仅提升了企业的运营效率，也为跨界整合提供了数据支撑和决策依据。

▶ 资源整合与生态构建

数字化平台不仅是技术应用的载体，更是资源整合和生态构建的重要工具。借助开放平台，企业可以吸纳不同领域的合作伙伴，实现技术、产品和服务的协同发展。从供应链到终端服务，各环节可有效联动，构建起互利共赢的生态系统。

▶ 本土化创新与国际经验相融合

当下，创业者不仅可以借鉴国外成熟市场的经验，更应根据本国经济环境、文化习惯和行业特点对商业模式进行调整。例如，在支付、物流、医疗等领域，国外的先进模式在引入国内后，往往需要进行本土化改造，才能真正发挥出作用。

跨界整合的实践路径与实施建议

基于上述分析，提出以下几点 AI 大模型时代下跨界整合的实践路径与实施建议，供创业者参考。

▶ 数据平台建设与信息共享

建设统一、开放的数据平台，是实现跨界整合的基础。企业应整合内部及外部数据资源，建立数据仓库和数据中台，实现信息共享和高效协同。只有打通数据壁垒，才能为后续的智能决策和业务创新提供坚实支撑。

▶ 开放生态体系与建立战略联盟

以开放合作为基础，构建跨行业的生态系统。企业应主动寻求与上下游合作伙伴的战略联盟，共同搭建开放平台，实现资源互补与协同发展。通过建立战略联盟，企业不仅可以降低各自的研发和推广成本，还能共同开拓新的市场领域，形成竞争优势。

▶ 多层次客户管理与核心用户培育

跨界整合不仅要求企业在技术上实现突破，更要在客户管理上做到精准把控。要建立完善的多层次客户管理体系，尤其是针对行业关键决策人进行深入培育，这是确保生态体系长期稳定的关键。通过线下会议、专业培训和行业论坛等形式，企业可以更好地理解客户需求，并与之建立长期合作关系。

▶ 技术与商业模式的深度融合

技术的赋能不仅体现在产品功能上，更深刻地影响着商业模式的重构。创业者应不断探索如何将大模型技术与自身业务深度融合，实现从单一技术服务向全生态解决方案的转变。

跨界整合引领下的新商业时代

随着数字经济和智能化技术的不断进步，未来的商业模式将越来越依赖于跨界整合和生态体系的构建。AI大模型技术作为这一时代的重要驱动力，不仅继续推动传统行业的转型升级，更将在全新的市场领域中催生出一批具有颠覆性的商业模式。

在未来的市场中，跨界整合将不再仅仅是企业间的简单合作，还将是一个涵盖数据、技术、平台、金融和生态共建的全方位系统工程。创业者如果能够把握住这一趋势，通过开放平台、数据驱动和多层次客户管理等手段，构建起一个互联共赢的生态体系，将能够在激烈的竞争中占据优势，并实现长远而稳健的发展。

总的来讲，跨界整合的核心在于：以开放、协同、共赢为理念，借助大模型等先进技术，将不同行业的资源和优势进行有机整合，打破传统行业壁垒，实现全新的商业模式。在这一过程中，企业不仅需要具备敏锐的市场洞察力和战略前瞻性，更要拥有扎实的数据基础和强大的技术支撑。跨界整合既是一个技术问题，也是一个商业逻辑问题。只有将技术与商业模式深度融合，才能实现从信息流到价值流、从单一项目到全生态系统的转变。这种转变不仅能够提升企业的整体竞争力，也将为资本市场带来更高的预期收益和估值溢价。

6　AI 大模型时代下创业者的"对"与"错"

投资逻辑的范式转移：从"大而美"到"小而精"

当 DeepSeek 以"史上最快用户增速"席卷市场时，创业者们既兴奋又迷茫——兴奋于 AI 大模型技术终于撕开产业落地的口子，迷茫于如何在技术浪潮中找准自己的位置。有人靠卖"AI 算命课"月入百万，也有人埋头开发企业级 Agent 重塑生产力。风口之下，选择比努力更重要。在互联网时代，投资的核心逻辑是"规模为王"。创业者需要讲述宏大的故事——产品可以覆盖数亿用户、颠覆传统行业、重塑社会生活方式。这种逻辑的背后，是互联网技术解决信息不对称的效率优势：一旦出现指数级增长，规模化扩张的边际成本将趋近于零。然而，AI 大模型时代的投资逻辑发生了根本性转变。

AI 大模型技术的本质是感知与决策，其落地需要深度融入具体场景或业务流程。例如，互联网时代的电商平台可以通过标准化流程服务数亿消费者，但 AI 大模型驱动的智能质检系统必须针对某类工业零件的缺陷特征进行定制化训练。这种差异决定了 AI 项目的成功不依赖用户规模，而依赖对垂直场景的精准把控（见表 4-6）。

表 4-6　移动互联网和 AI 时代的关键对比

维度	互联网/移动互联网	AI 大模型时代
核心问题	信息不对称	感知与决策
规模化前提	用户在线	场景适配
技术壁垒	商业模式创新	工程化能力
投资风险	市场渗透率不足	技术落地失败

"对"的方向：AI 创业者的黄金法则

▶ 方向一：垂直领域切入——从"冰山一角"到"水下根基"

互联网创业需关注"冰山可见部分"（如用户增长），而 AI 创业需挖掘"水下根基"（如场景深度）。以金融领域为例，智能投顾项目因涉及复杂的多因素决策（如市场情绪、政策变化）鲜有成功案例，但 AI 辅助金融监管（如上市公司数据结构化）却成为热门赛道。后者聚焦单一封闭场景，技术可行性高，且客户（监管机构）支付意愿明确。

案例：某 AI 医疗影像公司初期瞄准影像科，但因触及医生利益遭遇推广阻力；后转向为内科医生开发"预筛工具"，在不替代影像科的前提下提升诊断效率，最终获得头部医院订单。

▶ 方向二：明确应用场景——从"泛泛而谈"到"刀尖跳舞"

AI 项目的价值不在于技术本身，而在于解决具体场景的刚需。例如，电网领域的 AI 巡检项目需明确回答：买单部门是生产部门（利润中心）还是培训部门（成本中心）？需求是降低故障率（直接经济价值）还是优化培训流程（间接价值）？

▶ 方向三：绑定头部客户——从"实验性订单"到"生产型订单"

头部客户的背书是 AI 项目可行性的最强证明。例如，某 AI 工业质检公司获得某汽车厂商的前装订单，这意味着其技术已通过产线可靠性测试。此外，投资人需警惕"撒胡椒面式"订单——若项目在多个行业仅签下零星试点合同，可能暴露了其产品泛化能力不足的问题。

绑定头部客户的关键数据指标：头部客户收入占比超过 50%；复购率高于 70%；交付周期短于行业平均水平。

▶ 方向四：低技术场景优先——从"替代 100 人"到"替代 1 人"

AI 的短期价值在于降本增效，而非取代人类创造力。例如，游戏原画设计是典型的低技术含量重复劳动（100 人团队耗时 30 天），AI 工具可将周期缩短至 3 天，将成本降低 90%。相比之下，AI 替代一名高级分析师（年薪百万元）后产生的经济价值有限，因为高级分析师的技术难度更高。

创业逻辑：选择人力密集、流程标准化、容错率高的场景，避免涉及主观判断或复杂决策的"高大上"领域。

▶ 方向五：工程化能力——从"实验室算法"到"产线级交付"

AI 项目的成败取决于工程化能力，而非算法先进性。某扫地机器人公司通过"通用传感器+AI 算法"替代昂贵的专用硬件，使成本下降 40%，故障率下降 30%。其核心壁垒并非算法专利，而是对家庭环境进行数万次实测的数据积累。

团队标准：创始人是否有通信、制造业等重工程行业背景？技术团队中工程人员占比是否超过 50%？是否有过往产品从原型到量产的完整经验？

▶ 方向六：服务能力跃迁——从"技术供应商"到"行业合伙人"

AI 公司需具备"管理咨询式"服务能力，帮助客户厘清需求、优化流程。例如，某物流仓储 AI 公司初期为客户节省了叉车人力成本，随后衍生出库存优化、路径规划等增值服务，最终成为客户的智能化转型伙伴。

"错"的方向：规避 AI 投资的致命陷阱

▶ 不做"通用性问题解决者"

宣称解决"智能客服""智慧城市"等宏大命题的项目，往往缺乏真实场景支撑。此类领域已被巨头垄断［如华为、BAT（百度、阿里巴巴、腾讯）］，初创公司难以获取关键数据资源。

▶ 不做"无场景的技术至上者"

渲染"算法领先""全新架构"但回避具体场景的项目，本质是技术噱头。真正优秀的 AI 团队会聚焦"如何用成熟技术解决客户痛点"，而非盲目追逐学术热点。

▶ 不做"经验缺失的豪华团队"

创始人若缺乏工程、服务或行业经验，即使有顶尖学术背景，也难以应对复杂现实。例如，某 AI 芯片公司因低估流片成本（需数千万美元）和客户适配周期（18 个月以上），最终导致资金链断裂。

趋势与展望：AI 创业者的"双螺旋进化"

技术与创业的互动如同 DNA 双螺旋：大模型开源（如 DeepSeek-R1）降低了创业门槛，但同时也加速了行业洗牌。未来 3—5 年，两类公司将胜出。

○ 垂直场景的"隐形冠军"：在细分领域建立数据、工程、客户三重壁垒。

○ 生态级平台企业：通过 API 开放能力，建立行业智能化基础设施（如 AI 时代的"安卓系统"）。

7 颠覆式入局：打造创新的 AI 商业基因

微创新商业模式面临较高竞争风险

笔者的一个朋友 2011 年的创业项目"今夜酒店特价"以移动端销售特价

尾房的模式横空出世，这款应用的理念简单得惊人：每晚 6 点后，酒店将当天卖不掉的空房像面包房清仓当天面包般低价甩卖，用户打开手机就能用 3 折价格住四星级酒店。上线 3 天，App 冲上苹果商店旅行类榜首，用户数在 3 天内突破 10 万，酒店合作名单里甚至出现了万豪、香格里拉的名字。原理就像奥特莱斯卖过季奢侈品：原价 599 元的房间，酒店以 250 元清库存，平台加价 19 元卖给消费者，三方皆大欢喜。那些年用着 iPhone 4 的年轻人，第一次发现原来"说走就走"的旅行可以如此便宜——毕竟谁不想用如家的价格躺在希尔顿的浴缸里？

但命运的转折来得比想象中更快。某天，合作酒店突然集体消失，酒店客服在电话里支支吾吾："携程说再和你们合作就全网下架我们酒店房源。"巨头甚至懒得谈判，直接掐断供应链。最终这个曾单日下载量远超微信同时期下载量的明星项目，在 2014 年悄然并入京东，成为电商业务的一部分。

这场创业狂欢留下了一个黑色幽默：当你用"改良思维"挑战行业规则时，往往是在替巨头试错。就像有句话："在别人制定规则的战场上，战术胜利毫无意义。"当年风靡的特价尾房，早已成为携程 App 里一个默认勾选的选项。

这个案例看似解决了酒店库存与用户低价需求的匹配问题。然而，这种"小创新"最终被携程轻松压制。其失败的核心在于：在传统巨头存在的战场上，用优化思维挑战规则制定者，无异于以卵击石。携程的垄断地位使其能通过资源封锁（如下架合作酒店）和模式复制（推出同类服务）轻易扼杀创业公司的生存空间。

从"靠谱"到"不靠谱"：AI 大模型时代的颠覆逻辑

在 AI 驱动的商业环境中，传统巨头的优势（如数据积累、供应链控制等）可能反而成为其转型的桎梏。此时，创业者需以"不靠谱"的模式开辟新战场——这里的"不靠谱"并非盲目冒险，而是通过技术重构供需关系，创造传统玩家无法理解的增量市场。

以 AI 心理咨询为例：传统心理测评公司依赖专家经验与标准化问卷评估用户心理，而镜象科技公司通过大模型分析用户语言、表情甚至微动作，生成动态干预方案。这种模式初期被行业诟病"不专业"，却以低成本覆盖了传统服务无法触达的轻度心理问题人群，最终形成新市场。类似地，水母智能科技公司的 AI 漫画工具将设计师转化为"指令工程师"，通过模型生成内容，使制作漫画成本降低 62%。这些案例的共同点是：用技术重新定义行业标准，而非在旧标准中竞争。

AI 赋能的"不靠谱"创新方法论

➤ 从优化到重构

传统创新聚焦"如何更好地销售酒店房间"，AI 创新则思考"住宿是否必须依赖物理空间"。例如，Airbnb 以"住进陌生人家"的"荒诞"理念颠覆酒店业，而 AI 会进一步延伸为"虚拟旅行体验"——通过生成式技术让用户沉浸于历史场景或幻想世界，完全脱离实体住宿需求。

技术支点：多模态大模型（如视频生成、空间建模等）与用户行为预测算法的结合，使虚拟体验达到感官可信度阈值。

▶ 从竞争到共生

美团通过降低运营成本整合低端酒店，而 AI 创业者通过"数据寄生"颠覆巨头。例如，白熊 AI 通过为中小企业提供低成本智能体开发平台，将自身模型训练嵌入客户业务流程，最终用积累的垂直数据反哺模型迭代，形成与巨头通用模型的差异化优势。

关键策略：利用开源模型降低初始成本（如 LLaMA、Stable Diffusion 等），聚焦细分场景的数据沉淀与微调。

▶ 从确定到涌现

"今夜酒店特价"的失败源于可预测的线性增长逻辑（更多酒店→更多用户），而 AI 创新依赖"涌现效应"。例如，Kotoko 的 AI 社交游戏中，用户与智能体的互动数据在持续训练情感模型中意外催生出虚拟偶像经济——这种非线性增长路径是传统企业难以复制的。

风险控制：采用"小步快跑"验证模式，如昆仑万维公司通过 A/B 测试快速筛选高留存场景，避免资源过度投入。

颠覆者的生存法则

▶ 拥抱"负成本实验"

传统创业依赖资本输血验证模式，而 AI 可通过合成数据与仿真测试降低试错成本。例如，师者 AI 在推出教育大模型前，先用历史考题训练 AI，使其模拟学生答题——产品上线首月即覆盖 500 所学校。

▶ 构建"反共识护城河"

当行业追逐大模型参数竞赛时，创业者可选择"小而专"的技术路径。如周鸿祎指出，10 亿参数模型通过高质量数据训练，性能可比肩千亿参数模型，且更适配边缘计算场景（如智能硬件）。这种选择在初期可能被视为"倒退"，却能在成本敏感市场形成垄断。

▶ 设计"不可逆体验"

智能营销公司深义科技通过 AI 实时生成用户专属广告，将投放转化率提升 3 倍。当传统企业试图模仿时，发现深义科技公司的广告投放效果依赖实时数据闭环与动态算法调整——这种"生鱼片模式"（越新鲜越有价值）彻底改变了竞争维度。

8　AI 大模型与社会分工：颠覆式创新的结构变革

商业创新史的本质，是效率提升与社会分工不断深化的历史。从手工工场到工业革命，从传统零售到电子商务，每个划时代的商业模式都通过重构生产关系和专业化分工实现了效率跃升。如今，人工智能大模型的发展正开启新的分水岭：它不仅加速现有分工体系的进化，更可能通过创造性破坏，重塑产业底层逻辑。

亚当·斯密在《国富论》中描述的制针工厂案例，揭示了分工带来的生产效率的跃升。在该案例中，生产流程被拆解为 18 道工序后，工人日均产出从 20 枚针激增至 4800 枚针。这一原理在数字经济时代呈现出了新形态。

○ 贝壳找房借助经纪人协作模型（ACN），成功将传统由单一经纪人负责的地产经纪业务全流程，细分为一个由 10 人协作的网络（见图 4-7）。这一创新模式将房屋交易过程分解为 10 个专业化的角色（包括房源录入、现场勘查、钥匙管理等），从而将交易周期从行业平均的 143 天缩短至 109 天。

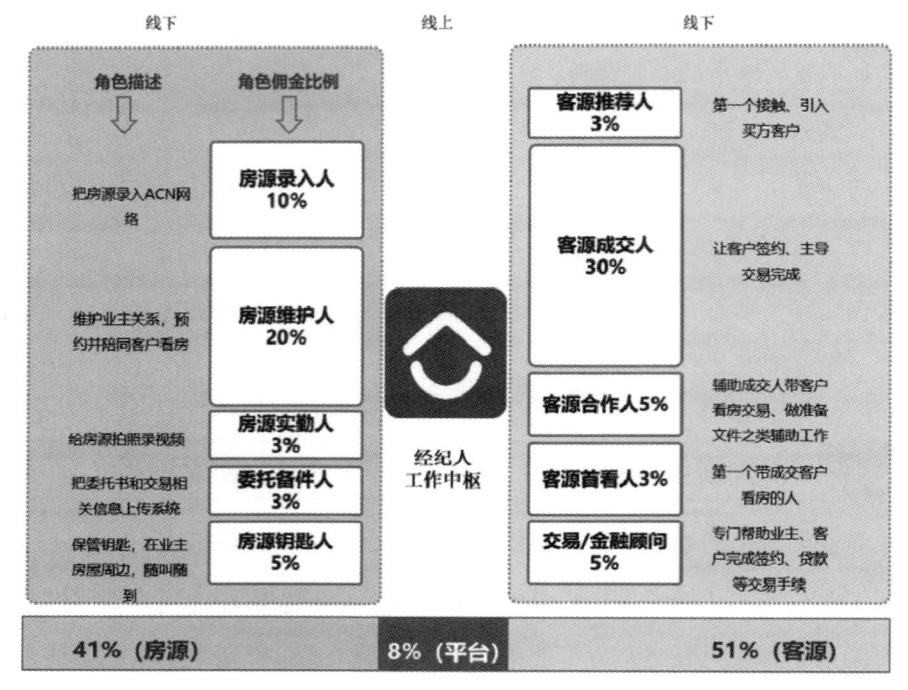

图 4-7 贝壳找房的 ACN 模型

新东方将托福课程拆解为听力、阅读、写作等独立模块，开创了教育产品标准化的先河（见图 4-8）。

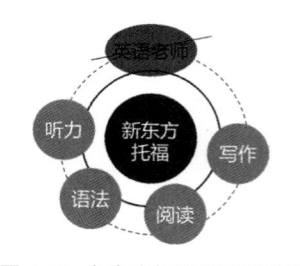

图 4-8 新东方细化分工的拆解

这种专业分工带来的跨越式提升具有普适性。AI 大模型的突破，使得重构分工体系的更高阶形态成为可能：通过机器学习对全流程的渗透式优化，实现分工颗粒度从"人力可拆分"向"算法可量化"的进化。

9　协同与创新：构建高效合作的新模式

传统商业模式中，各部门、各角色之间往往存在明显的壁垒与信息不对称，致使整体协同效率低下。例如，房地产中介行业长期存在经纪人间的抢单现象和客户服务中的一次性交易模式，这种零和博弈使得资源浪费严重。随着 AI 大模型的应用，这种局面正在发生根本性变化。

分工协作的颠覆性实践

通过构建类似 ACN 的智能协作平台，企业能够实现全流程的信息共享与角色联动。系统自动识别各业务环节的核心任务，将交易或服务流程拆分为多个必需节点，每个节点由特定的角色负责执行。例如，在某综合服务平台中，每笔交易要求至少涉及 8 个不同角色；系统会自动核查任务是否分配完整，确保每个环节都有专人负责，从而杜绝了单边操作和信息孤岛现象。

发挥规则引擎作用

通过预设合理的协作规则，系统将自动调整各角色的激励与分成比例。例如，经纪人之间的信用记录和违规记录会直接影响其分佣比例，若出现违规行为，将被自动扣除相应信用分，直至退出协作网络。这种机制确保了所有参与者都能获得公平回报，同时激励各方不断提升服务质量。

动态优化与风险预测

AI 大模型能够实时分析历史数据和当前市场环境，对各环节的贡献进行动态评估。当某一角色的贡献度偏低时，系统将自动调整分佣比例；当预测到潜在的合作冲突时，系统也能提前发出预警，并生成相应的改进建议。这种动态优化机制大大降低了协同风险，提高了整体运营效率。

10　专业化分工新范式：智慧协同的多维进化

在 AI 赋能的背景下，传统行业的分工将迎来全新升级。企业通过流程解构、价值分配和协同网络的智能进化，实现了业务环节的深度拆解和再造，形成了一种全新的专业化分工模式。这一新范式使得企业在面对复杂市场环境时，能够更加精准地配置资源和分配利益，从而提升整体竞争力。

流程解构的革命性突破

传统行业的分工往往受限于人类认知边界，各环节职责单一。AI 大模型通过对业务流程的全面解构，深入挖掘每个环节的内在逻辑。例如，传统模式下的医疗诊断中，患者从挂号到检查再到诊断，信息传递存在断层；而经过 AI 赋能后，整个流程被拆分为症状采集、影像分析、用药组合生成以及人文关怀四个环节，每个环节都由专门的智能模块负责，从而实现了信息的无缝衔接与精准管理。

价值分配的算法驱动

在过去，价值分配往往依赖于经验和静态数据，难以反映实际贡献。而现在，AI 大模型能够实时追踪各环节的具体贡献，如文书修改的留存率、客户响应速度等，并基于这些数据动态调整分配模型，形成精准的"数字计件工资"。这一机制类似于企业通过精细化的绩效考核，将每个员工的工作量和效果转化为可量化的绩效指标，从而激励员工不断进步。

协同网络的智能进化

传统的协同网络依赖于人工制定规则，灵活性较低。而在 AI 赋能下，协同网络能够自动识别新兴分工机会，预测市场变化，并生成跨平台、跨部门的协作方案。例如，在房地产中介领域，系统不仅能够自动识别线上带看和线下实勘的最佳分工，还能预测区域市场饱和度，动态调整加盟店数量，形成一张实时互联的协同网络。这样的模式不仅提高了整体效率，还有效降低了各环节之间的沟通成本和冲突风险。

质量保障的系统化控制

质量控制始终是商业服务的底线。传统模式下，质量保障依靠人工评分和后期反馈，而 AI 大模型可以实时扫描服务过程数据，如通话录音、现场带看时长等，并构建动态质量控制模型，自动触发改进流程。这样的系统化质量保障机制确保了每一个服务环节都能达到既定标准，为企业提供了坚实的质量底线保障。

11 未来图景：算法重构下的新商业文明

当传统的分工协作逐步向算法驱动的协同网络转变时，商业模式也将迎来根本性变革。新的商业文明不仅依赖于劳动力、资本和土地，更将依托数据图谱、算法权重和协作关系流，实现资源配置的全局最优。未来的商业生态系统将呈现出以下三大核心变化。

生产要素的重构

传统生产要素主要由劳动力、资本和土地构成，而在 AI 大模型时代，新型生产要素——数据图谱、算法权重和协作关系流——将成为决定企业竞争力的关键。数据不再仅仅是记录信息，而是转化为可以动态调控的生产要素；算法权重则反映了每个环节的真实贡献，帮助企业实现精准分工；协作关系流则构成了一张实时互动的价值网络，使各环节之间的联动效应达到最大化。

组织形态的重构

传统企业结构清晰、边界明确，但在新技术的推动下，企业边界正逐渐模糊。跨部门、跨企业的协同合作将成为常态，企业内部不再是简单的"部门堆砌"，而是构建起一张动态协作网。以贝壳找房平台为例，平台上超过4.2万家门店通过共享信息实现协同作业，这种无界协作模式正是未来企业组织形态转型的缩影。此时，个人价值也将节点化，越来越多的专业人才、数据标注人员和独立AI训练师将成为企业协同网络中的关键节点。

价值网络的涌现

在传统价值链中，价值传递往往呈线性模式，而在AI大模型的驱动下，新型价值网将实时连接各个节点。每一笔交易、每一次服务都将形成独特的价值网络，这种动态链接的方式不仅能迅速传递信息，还能在过程中不断优化资源配置。企业通过建立全新的数据和算法驱动的价值网络，能够实现业务流程的高效协同与创新，从而重塑整个行业生态。

后记
POSTSCRIPT

回顾过去的几十年，我们见证了人工智能从最初的符号逻辑，到如今万亿参数、跨模态整合的全新格局。技术的不断突破，不仅让我们看到了智能系统在效率、决策和风险控制等方面的巨大潜力，也为企业带来了降本增效、优化资源配置的新途径。无论你是企业管理者、创业者还是数字化转型的负责人，都能在这场大变革中找到自己的定位与突破口。真正的竞争优势并非来自单一技术的堆砌，而在于如何将技术与业务深度融合、不断创新，最终形成全新的组织基因和运营模式。

在撰写这本书的过程中，我们始终在思考，如何让复杂的技术变革更易于理解，如何让这些冰冷的数据和公式转化为每个企业家都能感同身受的战略力量。我们的目标不仅是向大家展示技术的"做法"，更希望传递一种价值观——那就是在未来的商业竞争中，只有不断学习、不断创新、不断拥抱变化的企业，才能真正立于不败之地。

一位长期在传统制造业工作的老总说："我们这些老一辈企业家，总觉得技术是外来的东西，怕投入太多有风险，但现在看来，若不转型，明天就会被市场淘汰。"事实上，企业转型不仅仅是技术的替换，还是深层次的组织、管理和文化的重构。正如我们在日常生活中不断更新观念、适应环境变化一样，企业也需要具备敏捷反应和前瞻布局的能力。

同时，我们也看到许多企业在转型过程中遇到了种种困难和挑战。有的企业由于缺乏整体战略规划，在引入新技术后出现了内部信息孤岛；有的则因为数据治理不力，导致智能系统难以发挥应有的作用。这些问题既是警示，也是激励。它们告诉我们，任何一项新技术的成功应用，都离不开前瞻性的战略规划、跨部门的协同合作以及持续的学习和改进。

本书的内容从技术起源、核心算法，到应用落地和商业模式的重构，再到行业案例的详细解析，都在不断证明一个事实：在数字化浪潮中，企业在激烈的市场竞争中保持活力的关键，就是如何将技术转化为企业的核心竞争力，实现真正的降本增效和战略升级。

我们也希望从本书出发，持续出版一套"读懂未来"的前沿产业书系，形成一个为个人和企业洞察未来、塑造新时代竞争力的智库。有志于此的同行者可以通过邮件联系我们：55191878@qq.com。